帮助孩子养成完美性格

郭志刚◇编著

北京工业大学出版社

图书在版编目（CIP）数据

帮助孩子养成完美性格 ／ 郭志刚编著 ． —北京：
北京工业大学出版社，2014.8
ISBN 978-7-5639-3975-6

Ⅰ．①帮… Ⅱ．①郭… Ⅲ．①儿童－性格形成
Ⅳ．① B844.1

中国版本图书馆 CIP 数据核字 (2014) 第 126263 号

帮助孩子养成完美性格

编　　著：郭志刚
责任编辑：符彩娟
封面设计：尚世视觉
出版发行：北京工业大学出版社
　　　　　（北京市朝阳区平乐园 100 号　邮编：100124）
　　　　　010-67391722（传真）　bgdcbs@sina.com
出 版 人：郝　勇
经销单位：全国各地新华书店
承印单位：北京集惠印刷有限责任公司
开　　本：787 毫米 ×1092 毫米　1/16
印　　张：18
字　　数：211 千字
版　　次：2014 年 8 月第 1 版
印　　次：2014 年 8 月第 1 次印刷
标准书号：ISBN 978-7-5639-3975-6
定　　价：29.80 元

前　　言

英国小说家查尔斯·里德曾经这样说："在令人厌倦的旅途上，一个性格明快的伙伴胜过一乘轿子。"一个性格开朗、阳光乐观，能与人和谐相处的人可以为周围的人带来更好的心情。而且，性格良好的人更容易事业有成，在困难的时候也更容易得到周围人的帮助和支持。纵观历史，很多人的成败都取决于自身的性格，可谓成也性格，败也性格。

良好的性格是孩子受益终身的财富，是事业成功的基础。如今的父母更多地关注孩子智力发育的情况，十分重视孩子的智力投资，却忽视了对孩子良好性格的培养，当发现自己的孩子性格孤僻、任性、冷漠的时候才会想起通过各种途径去改变孩子已经形成的不良性格特质。

甚或，在高智商的光环下，人们根本就无法看到孩子性格方面的缺陷。2013年的某一天，复旦大学通过官方微博透露，在读的一名研究生因身体不适入院，其致病的原因竟然是在宿舍内喝了饮水机内有毒的水。而警方的调查结果更是让人唏嘘，投毒者竟然是同处一室的同学。这些著名高校的高才生在优异学业成绩的光环笼罩下，却隐藏着深深的自卑偏激的性格，并常常由于一些小矛盾而酿成大祸。

　　孩子性格中的缺陷是与生俱来的吗？答案是否定的。大量的科学研究和生活实践都表明,后天的生活环境和教育才是性格形成的决定性因素。其中,父母的教育和引导起着至关重要的作用。

　　本书通过收集孩子成长过程中影响性格发展的小故事,生动形象地说明了培养优秀个性品质的方法。坚强、自信、乐观、诚信、独立、谦虚这些孩子成长中最为重要的优良性格特点,都可以通过简单可操作的方法让父母们找到很好的培养途径。不过,在这里需要向父母们强调的是,孩子的任何良好性格的养成都离不开父母的爱和关注,都是以父母陪伴为前提的。

　　爱因斯坦曾经说:"智力上的成就很大程度依赖于性格上的伟大。"希望父母对孩子的教育,可以通过本书开启全新的一页,将孩子培养成优秀的人。相信通过塑造、改变孩子的性格,一定能够让他们把握命运的风帆,驶向成功的彼岸。

目　　录

第一章　让孩子做个坚强的小勇士

用小挫折培养孩子的坚强性格 3

家长不要把孩子当成弱者 6

在困难中锻炼孩子的毅力 8

鼓励孩子坚持自己的意见 13

帮助孩子提高心理承受能力 18

让孩子在体育锻炼中提高毅力 22

第二章　培养孩子的自信心，家长责任重大

不要总是责备孩子 29

帮助孩子看到自己的长处和优点 33

从小事做起，增强孩子的自信心 37

家长的信任让孩子更自信 41

适当的称赞能树立孩子的自信心 45

帮助他人也能让孩子自信 48

孩子的自信心需要父母耐心的培养 53

第三章　做个有责任心的小天使

自己的事情自己做 61

为自己做的事情承担后果 65

从小事培养孩子的责任感 69

让孩子参与集体生活 74

让孩子担当一定的"重任" 78

教孩子做事有始有终 83

第四章　乐观的孩子更受欢迎

孩子的幽默感是教出来的 91

不为无法挽回的事情烦恼 94

让孩子学会积极地看待问题 ……………………… 98

父母乐观，孩子才不悲观 ………………………… 102

孩子的活泼乐观离不开朋友的帮助 ……………… 106

第五章　诚信，是孩子的立身之本

诚信做人才能赢得别人的信任 …………………… 113

孩子待人诚恳，会更受欢迎 ……………………… 117

做不到的事不要随意应承 ………………………… 120

有效的监督，能避免不诚信的行为 ……………… 124

第六章　家教要维护孩子的善良本性

让同情心和爱心伴随孩子的一生 ………………… 131

善事不分大小，贵在真诚和坚持 ………………… 135

让"与人为善"成为孩子的交际座右铭 ………… 139

教孩子做事不但利己还要利人利社会 …………… 142

教孩子保持善心，识别和远离丑恶现象 ………… 145

第七章 让孩子在勤劳中快乐成长

父母要做孩子勤劳的榜样 ······························ 151

分清轻重缓急，让孩子做事有效率 ············· 154

呵护孩子的劳动积极性 ······························ 158

让孩子在社会实践中学会勤劳 ··················· 162

教孩子体会到劳动的快乐 ··························· 165

鼓励孩子自己挣零花钱 ······························ 169

第八章 让孩子向前看，培养积极上进的精神

用荣誉感激励孩子积极上进 ······················ 177

当孩子遇到挫折时鼓励他上进 ··················· 180

帮孩子树立目标和理想 ······························ 184

培养孩子爱读书勤思考的习惯 ··················· 188

帮孩子找一个偶像激励他上进 ··················· 191

第九章 独立的孩子更理性和冷静

传授孩子一些生活技能 ······························ 199

让孩子在集体生活中学会独立 203

教孩子遇事要冷静 206

让孩子在理智消费中学会克制冲动情绪 210

第十章　让孩子懂得谦虚做人的道理

谦虚才能让人进步 217

不让孩子因夸奖而骄傲 220

改变孩子小看别人的不良习惯 223

不要在他人面前炫耀自己的才能 227

父母要慎重表扬孩子 231

第十一章　父母齐心，教孩子学会感恩

让孩子学会感恩，驱逐怨念 237

百善孝为先，教孩子敬爱父母 240

爱由心发，感恩父母是一辈子的事业 243

感恩他人，学会反思己身之过 246

心怀感恩，珍惜当下拥有的一切 249

第十二章　让孩子学会自省

教孩子接纳自己的不完美 ································· 255

列出自己的缺点，逐一克服 ························· 260

用尊重激发孩子的自省心 ························· 264

当孩子做错事时，给孩子自省的机会 ·················· 268

告诉孩子：每天自省才能进步 ······················ 271

第一章
让孩子做个坚强的小勇士

用小挫折培养孩子的坚强性格

朱小丰是小学三年级的学生，他从小就喜欢画画，希望将来能当上画家，平时在家总是手不离笔地画，还觉得自己画得不错。

在一次偶然机会中，小丰看到同学晓莉画的画很好看，就去问她："为什么你画得这么好看？"

晓莉说："以前我也总画不好，后来我爸爸妈妈帮我报了培训班，所以现在才能画成这样。"

小丰听后很羡慕，几次要求下，小丰的爸爸妈妈终于同意了小丰参加培训班。小丰开始很高兴，满怀希望地期待着自己的画能越画越好。

不久后，在一次培训课中，小丰有些地方总画不好，老师教了几次他也不得要领，于是批评了他几句。小丰感觉特别委屈，决定不再上培训班了。

小丰的爸爸妈妈知道后，并没有问小丰具体情况，二话没说就答应了。小丰见爸爸妈妈没有半点鼓励和安慰的意思，心里更是失落。从此以后，小丰再参加其他培训班的时候，一旦遇到挫折就逡巡不前，中途放弃。

在上述事例中，小丰在受到老师的批评后，情绪低落并放弃了培训，这就是心理承受能力较差的一种表现。小丰之所以心理承受力差，不能正确对待老师的批评，是因为他平时在生活中没有遇到过什么挫折或者遇到挫折时没有得到及时、正确的指导。

俗话说："玉不琢，不成器。"没有经过挫折磨炼的孩子在困难面前会显得胆怯与不知所措。每个人在生活中都会遇到大大小小的挫折，良好的心理承受能力会让人更从容地面对挫折，有利于孩子未来在社会上的生存和发展。相反，如果孩子心理承受能力差，会很容易被挫折击倒，甚至会自暴自弃。

美国教育专家的调查结果显示：那些在困难面前表现得拘谨不前的成人，在小的时候都没有得到正确的挫折指导。很多家长因为各种原因而忽略了对孩子的挫折教育，若长此以往，孩子在长大后将很难在事业中有所成就。

家长们都希望孩子成人后能承受来自生活、工作中的压力，所以应该从小有意识地对孩子进行挫折教育，以下建议供家长们参考。

1.家长自身要有正确的挫折意识

在现实生活中，很多家长的挫折意识淡薄，不知道要对孩子进行挫折教育，以至于虽然他们天天陪在孩子身边，孩子的性格却越来越软弱。上述事例中，在小丰提出退出培训班时，小丰父母并没有了解孩子的内心想法，没有及时给小丰鼓励，让他正确地应对挫折。这就是家长的挫折教育意识比较淡薄的表现。

家长们应该增强挫折教育意识，并在生活中帮助孩子养成坚强的性格。比如，当孩子摔跤时，家长让孩子自己站起来；孩子写作业遇到难题，家长应该鼓励孩子静下心来慢慢写。只有家长树立正确的挫折意识，并在生活中落实，孩子才会渐渐变得坚强。

2.帮助孩子走出挫折

在生活中，孩子们常常会遇到一些他们无法解决的困难。这时，父母应该给予他们适当的帮助。

比如，上述事例中的小丰受到老师的批评后，家长应该好好地安慰并鼓励他坚持下去，陪他一起迈过心里的这道坎，必要时还可以在小丰身边陪他画画。父母的陪伴能让他有勇气面对挫折，战胜挫折。

3.有意给孩子制造些小"挫折"

有时候，生活中并没有什么挫折让孩子去经历，这就需要家长们有意识地给孩子制造些小"挫折"。

小成是小区里小朋友们心中的大哥哥，今年上五年级了。平日里做游戏的时候，小朋友们都听小成的意见，无论小成建议玩什么游戏，小朋友们都同意。

小成还是班上的班长，班上的事也是他做主。他在班上所提的建议，同学们也都是毫不犹豫就同意了，老师也常常对小成的建议大加赞赏。

渐渐地，小成习惯了这样的生活，以为自己的意见总是最好的，只要自己开口就会得到认可。

一天，小成的表哥来小成家来玩。小成的爸爸妈妈叫小成带着表哥去外面玩。小成想带表哥去滑冰，但表哥不会，他只喜欢下象棋，因此，不同意小成的建议，并希望小成改变主意，和他下象棋。小成因为表哥不去滑冰感觉委屈，大哭了一场，把自己关在房间一整天。

在上述事例中，小成的意见一直都得到大家的认同，所以他一旦被别人拒绝就会感觉很失落。古人有云：不积跬步，无以至千里；不积小流，无以成江海。孩子坚强性格的养成不是一蹴而就的，而是慢慢地积累起来的。所以，除了生活中给孩子鼓励外，家长还可以适当给孩子制造一些小挫折，让孩子在一次次的战胜挫折中养成坚强的性格。

家长不要把孩子当成弱者

叶小清今年四岁了，长得白皙可爱，她的父母非常爱她，对她呵护有加，平日里，总是为她安排好一切事情。

小清听到别的小朋友都是自己漱口洗脸的，于是她也想自己来。她拿着杯子准备接水，她妈妈看到了，急急忙忙地跑过来，嘴里还念叨道："小清，小心。妈妈来，别溅湿了衣服。"

妈妈抢过小清手中的杯子，帮她盛满水，略带责怪地对小清说："以后这样危险的事让妈妈来，溅湿了衣服小清就不乖喽！"

漱口后，妈妈又帮小清倒了热水准备洗脸。小清想要自己洗脸，于是她伸出手准备拧帕子。在一旁的妈妈立刻惊呼道："小清，烫手！"同时，她迅速地把小清的手移开，然后很麻利地完成了一整套帮小清洗脸的动作，看着小清白净的脸还伴怒道："小清今天不乖哦！"

出门时，需要走几级台阶。以往都是爸爸妈妈抱她下去的，可她心里非常希望能自己走下去，希望能感受一下走楼梯时的感觉，但每一次她准备迈出第一步时，爸爸或是妈妈就把她转身抱住，还拍拍她的后背说："小清乖，楼梯危险，摔了会很疼很疼的。"

孩子的成长是需要孩子自己去完成的，而不是家长以各种爱的名义去代替孩子完成。小清父母的这一种做法是不正确的教育方式，会让孩子养成依赖心理。

俗话说："望子成龙，望女成凤。"许多父母以对孩子好的心理为孩子准备好一切。然而家长们的这些一厢情愿的好心真的就能更好地帮助孩子成长吗？答案是否定的，而且他们的好心还很有可能让孩子养成不好的习惯。父母无微不至的关心会使孩子娇生惯养，形成依赖心理，还有可能会让孩子有一种畏惧心理——不敢接受新鲜的事物，见到陌生的事物就躲避，在困难时只会渴望别人的帮助而没有勇气自己走出困境。

父母对孩子最大的爱不是事事顺从呵护，而是教会孩子坚强，让孩子勇敢地面对困难和挫折。

那么，家长该如何避免这样的情况呢？

1.让孩子做力所能及的事

在上述事例中，小清的父母把孩子当成了弱者，本来小清能完成的事父母却帮她完成了，这无疑会使小清养成衣来伸手、饭来张口等懒惰习惯。古语有云：一屋不扫何以扫天下。家长们应该相信孩子，一些孩子能自己完成的事就要让孩子自己去完成。比如刷牙、洗脸、洗衣、叠被一类的事，父母应该放开手来让孩子自己做，这样既节约了家长们的时间，同时也让孩子学会了自己的事自己做，让孩子明白做事不要依赖别人，要相信自己的力量。

2.在孩子遇到困难时为孩子提供必要的帮助

当然，仅仅让孩子完成自己的事是不够的。在现实生活中，孩子会对新鲜事物产生兴趣，父母在这个时候不应该阻止孩子，而应该鼓励他去发现和探寻新的事物。对事物的熟悉总是会需要一些过程的。当孩子在做事遇到困难时，父母应该给予帮助。这里的帮助并不是说帮助孩子去完成，而是引导孩子怎样去更好地完成事情。比如在上述事例中，小清想要自己下楼梯，但是由于年龄小，心里会有一些担忧，这时父母要做的应该是鼓励孩子大胆地去走楼梯，如果孩子很害怕，父母应该牵着孩子的手一步步地教孩子，而不是抱着孩子下楼。鼓励孩子探寻新事物会让孩子养成一种探险精神，会成就孩子坚强、不畏困难的性格。

3.不要用命令的口吻和孩子说话

在生活中，家长总是以命令或过来者的口气对孩子的生活指指点点，不让孩子有自己的思想空间。这是很显然的，家长们一开始就把孩子当成了弱者，而孩子也会错误地认识到自己需要父母为自己安排好事情。这样会滋长孩子的懦弱心理。父母应该适时地放低姿态，平等地和孩子交谈，在一些事情上还可以和孩子商量。比如说，孩子的房间让孩子自己布置，周末的旅行先问问孩子的意见，孩子的衣服让孩子自己挑选。这样会使孩子有一种成就感和认同感，孩子就会慢慢觉得自己是强者。

在困难中锻炼孩子的毅力

楠楠是一所中学的学生，成绩处在班里的中上水平，但像所有学生一样，她也希望自己能在班里甚至校内成为佼佼者。于是，她决定每天利用早上和下午的休息时间好好努力，争取比别人学得更多一点，同时决定周末也加班加点，希望以此把自己的成绩提高上去。

开始时，楠楠还能坚持并乐在其中。她学习的时候，无论同学怎样邀请她去玩，她都坚决地拒绝了，然后旁若无人地进入学习状态中去。

但是没过多久，她就沉不住气了。看见同学们在嬉笑打闹，她就忍不住想要加入进去。

一天下午，同学张丽和林鹏在教室里热情高涨地讨论着某位明星——楠楠最喜欢的一个明星。刚开始，她还能提醒自己："先学习，先学习。"但是她却无法对张丽和林鹏的对话充耳不闻，并且随着他们的讨论越来越激烈，楠楠更是不能事不关己地坐着了。她放弃了心里最后的自我克制，兴高采烈地加入了他们的讨论。

从此以后，她在下午就很少利用空闲时间来学习了。又因为天气渐渐地转冷了，她早上也常常拖到父母再三的催促下才很不情愿地起床。

父母以为楠楠只是累了，没有在意她的心理变化。楠楠此后又做了几件事，也总是三分热度，没过几天就放弃了。楠楠之后再也没有坚持去认真地完成一件事。

在上述事例中，楠楠因为同学在谈论她喜欢的明星而放弃了对学习计划的坚持，后来，她又因为天气转冷而不愿早起学习。而楠楠的父母却没有觉察到楠楠心理的变化，只是想当然地以为孩子只是累了，因此没有重视这件事，更没有及时地给楠楠以正确的指导。

在生活中，人都是有惰性的，容易对旧事物产生厌倦。尤其是孩子，他们兴趣广泛，心理承受能力差，在这缤纷多彩的世界中很容易受到外界的干扰。而家长们又把孩子当成掌上明珠，保护得妥妥帖帖的——一旦孩子遇到挫折，不是引导孩子战胜挫折，也不是鼓励孩子坚持下去、持之以恒，而是以爱的名义代替孩子解决困难。

毅力在人生之路中扮演着十分重要的角色，如果没有毅力，人们将很难在生活或事业中取得成功。据相关机构的研究分析，世界上的成功人士都拥有不同程度的毅力，成就越高的人其毅力也就越强。相反，碌碌无为者大都为毅力不足之辈。分析还显示，孩提时期能不能持之以恒地做事情对成人后的毅力程度的高低有很大的关系。

如果孩子在小的时候没有得到毅力的锻炼，在将来很难持之以恒地去完成一件事，事情一旦出现进展不顺利，他们就会因为毅力不足而沮丧和放弃。这就很难成就他的人生，实现他的抱负。

在上述事例中，楠楠的父母虽然感觉到了楠楠前后行为的变化，却不深入了解楠楠的心理。他们对楠楠的这种不以为然的态度，更放任了楠楠懒惰的心理，容易导致楠楠在以后的生活中无法在一件事情上坚持到底，使楠楠很难在未来生活中取得成就。

毅力，应该在孩子小的时候就开始锻炼和培养，使他从小养成坚定不移的性格，为将来取得成功打下一定基础。那么，对于毅力薄弱的孩子可以采取什么措施呢？

1.陪孩子一起完成一件事

对于毅力薄弱的孩子，家长的陪伴可以给他很强的心理支持，有助于他将事情坚持下去，毅力得到锻炼。

诚诚今年12岁了，是一名中学生。一天，他在电视上看到别人玩魔方，很好奇，便也买了一个，想看看魔方到底神奇在什么地方，希望自己也能像电视里的人一样，能把魔方玩得很好。

刚买回来那天，诚诚还很有兴致地去寻找魔方的转法，但是一天下来都没有找到方法，他就气馁了。爸爸看到诚诚对魔方一下子没有了兴趣，就问他："诚诚，怎么不玩你的魔方了？"

诚诚回答道："我找不到旋转方法，不想玩了。"

爸爸听到后，觉得诚诚这样轻易地放弃不利于他的成长，于是对诚诚说："要不我们一起玩吧？看看谁转得快。"

诚诚看见爸爸也来参加，一下又来了兴致。他们慢慢地寻找着魔方的旋转方法。一个下午过去了，他们终于转好了第一层。诚诚又利用时间把第一层的转法弄得很清楚。在接下来的几天里，虽然没有了爸爸的陪伴，但诚诚兴奋不减，他自己完成了六面的转动。

上述事例中，诚诚因为一天下来没有找到旋转方法而准备放弃，爸爸知道后，提出一起玩的建议，这既提高了孩子的兴致，又鼓励了孩子对事情坚持下去。在转好第一层后，虽然没有了爸爸的参与，诚诚还是坚持下来，一个人把六面都转好了。

生活中，孩子们常常因为没有耐心而无法对一件事情持之以恒，家长们的加入会提高孩子的兴趣，同时也鼓励了孩子要坚持不懈地去完成一件事。

2.用身边的故事激励孩子

用身边的故事激励孩子也是一种锻炼孩子毅力的好方法。

小斌今年六岁了，看着隔壁的玲玲姐姐会骑自行车了，心里很是羡慕，就叫妈妈帮他也买了一辆自行车。

开始，小斌以为骑自行车是很简单的事，只要坐在车座上，手把着扶手就行。但他试骑了一两次后，感觉骑车很困难，自己根本没有把握住平衡，每次都是脚还没有离地，车就倒向另一边了。小斌觉得很沮丧，认为骑自行车很困难，便决定放弃练习了。

　　妈妈知道后，便过来对小斌说："当初玲玲姐姐练习骑车的时候也觉得很困难，不能把握车的平衡。但她并不气馁，而是坚持练下去，练了几天她才学会的。你应该向玲玲姐姐一样，坚持下去，多练就会骑了。"

　　小斌听了玲玲姐姐的经历，觉得自己不该就此放弃，于是决定继续练习。慢慢地，他能把握车的平衡了。几天后，小斌也能和玲玲一样骑自行车了。

　　在上述事例中，小斌想要放弃对骑自行车的练习。妈妈知道后，就以玲玲的经历鼓励小斌，小斌受到鼓舞，又开始坚持练习，终于学会了骑自行车。

　　教育孩子时，家长们可以用孩子身边的故事鼓励他，也可以用古今中外的名人故事去激励孩子。当听到别人的好习惯时，他会以别人为榜样，持之以恒地去做事情。

3.家长在生活中给孩子示范恒心

　　家长身体力行的示范会给孩子树立很好的榜样，有助于孩子毅力的锻炼。

　　赵明是希望小学六年级的学生，一天，他在做作业的时候遇到了一道数学题，解了很久也没有解出来。看着别的小朋友都在院子里玩游戏，他就萌生了放弃不做的念头。于是，他放下了手中的作业，准备出去和小朋友们一起玩耍。当经过爸爸的房间时，他看到爸爸还在写报告。"这已经是爸爸第三次改写报告了。"赵明想着。看到爸爸还在翻阅着不同的资料，看到爸爸如此坚持、不肯放弃，赵明被感染了。他整理了一下心情，走回自己的房间，静静地思考着题目，有不懂的地方，也像爸爸一样查课本。渐渐地，赵明理清了思路，最后终于解出了那道题。

上述事例中，虽然赵明的爸爸并没有对赵明进行口头教育，但他对工作的不放弃，使赵明耳濡目染。赵明在感慨爸爸坚持不懈的同时，自己也对学习中的困难不轻易放弃。

人们常说，以任何其他方式教育孩子千百遍，都不如身体力行地为孩子示范一遍。在教育孩子时，家长应该给孩子树立不轻言放弃的榜样。当家长自己在生活或是工作中遇到困难时，应该坚持不懈地努力去完成，让孩子在你的一言一行之中受到感染。孩子看到家长在永不放弃地做一件事，那么他就会以此为榜样去效仿的。慢慢地，他在生活中遇到困难也就不会轻易放弃了。

鼓励孩子坚持自己的意见

林小熙是某市中学的初三年级的学生，一直以来，他都是父母眼中的好孩子，老师眼中的好学生。在家中，他不违背父母的意愿，在学校也不会和老师发生分歧。

一天在上课的时候，小熙一如既往地听老师讲课。老师一时兴起说起了鲸鱼，说鲸鱼是生活在海里的最大的鱼。小熙听到后觉得奇怪，犹豫了一下对老师说："老师，鲸鱼不是鱼类。"

老师被这突如其来的声音打断了思路，有些不高兴，反问小熙："鲸鱼怎么不是鱼类呢？不是鱼，它能叫鲸鱼吗？"

小熙被老师这样一问，觉得有些不自在，小声地回答说："之前，我看过一本书，上面说鲸鱼不属于鱼类。"

老师听了，语气有些缓和，说："平时都跟你们说，尽信书不如无书。书上说的未必都是对的。知道了吗？今后记住了，鲸鱼是鱼。"

面对老师的解释，他觉得也有道理，并且觉得老师是不会有错的。于是他点点头，没有再和老师争辩。

回家后，小熙把当天发生的事和父母说了，父母说："小熙啊，老师说的对，尽信书不如无书，你应该相信老师。"

后来在课堂中又发生几次这样的情况，但每一次他都因为老师的解释放弃了自己的意见。在以后的学习和生活中，小熙也变得很少发表意见，总是听从别人的安排。

上述事例中，小熙因为老师的辩解而没有坚持自己正确的认识，回家后，家长不但没有给小熙鼓励和引导，而且在没有核查事情真实与否的情况下就否定了小熙。父母的反应让他更是不敢对老师有所怀疑。长此以往，最终导致小熙在后来慢慢地没有了主见，总是听从别人的安排。

在生活中，类似的情况经常发生，孩子们因为他自身知识的匮乏，所以当遇到质疑时很难对自己的意见坚持到底；当面对长辈时，又对权威有一种依附心理，所以更不会对权威有所怀疑。

有些孩子与家长相处得融洽，所以在与家长意见发生分歧时，孩子可能会坚持自己的观点，但是家长有时却不善引导，用一些不恰当的行为或话语打击了孩子的积极性。古人有云："学贵多疑。""疑"就是说人要有自己的见解，而不是人云亦云。尤其是在现代社会更是如此，个人只有不断地创新才能得到发展。而一个没有主见的人是很难创新的，没有创新就容易被社会淘汰。

一个有主见的人是从小培养的，如果一个人在小的时候没有在这方面得到引导和锻炼，那么他就很难有自己的见解，也不能坚持自己的想法，长大后会容易迷失自我，产生从众心理，当和别人意见不合时，他就会放弃自己的意见。这不利于他自身在社会上的发展，会使他很难跟上时代的步伐。那么应该怎样帮助孩子做到坚持己见呢？

1.鼓励孩子质疑权威

在上述事例中，家长应该先了解事情原委，然后鼓励孩子坚持自己的意见，不要迷信老师，建议孩子去查找相关资料来证实自己的观点，并在得到证实后鼓励孩子去和老师交流。

在日常生活中，人们总是信仰权威，很少有人去质疑权威，孩子尤其如此。在家里，家长是权威；在学校，老师是权威。很多孩子对家长言听计从，对老师深信不疑，以为长辈总是正确的，一旦自己的思想和长辈矛盾时，不是和长辈交流，而是去改变自己，希望自己和权威站在一起。

生活中，孩子会有一些奇怪的想法，特别是面对一些新鲜事物时。这时，孩子可能会因为害怕自己的思想和长辈的不一样而不敢表达自己的想法，如果家长对孩子的这一举动不予理睬，就会使孩子禁锢自己的思想。这时，家长们应该鼓励孩子去实践自己的想法，必要时还应该和孩子一起印证他的想法。

家是孩子心灵的港湾，有了家长的支持和鼓励，孩子会觉得底气十足，勇敢地去完成事情。孩子自己的观点一旦得到认可，又会得到更大的鼓励，如此下去，孩子会渐渐地有自己的思想，敢于表达和坚持自己的想法。

2.鼓励孩子坚持自己的看法

主见对一个人的成功成才是很重要的，家长要鼓励孩子坚持自己的看法，凡事要有主见。

芳芳是小学三年级的学生，一天，老师给学生们留了一道课外作业题。芳芳觉得题目有些困难，很久才做出来。

这时，同学小敏来找她玩，看到芳芳的作业，小敏就吃惊地说："芳芳，你的作业写错了，我爸妈说不是这样写的。"

芳芳听到小敏这样说，就认真地又看了一遍题目，对小敏说："我感觉这样做没有错啊，你是怎么写的，给我看看。"

小敏就把她的作业给芳芳看，芳芳看后觉得小敏做得很对，思路很清晰，自己的做法结果虽然对了，但思路不清楚，所以她按小敏的方法重新做了一遍。芳芳的母亲看见后对芳芳说："以后做完作业要记得检查。"

第二天老师讲题的时候说，这道题目有两种解法，但班上没有一个人用第二种方法，芳芳一看老师的第二种方法就是昨天自己的方法，感觉有些失落，怪自己没有坚持自己的做法。

上述事例中，芳芳因为小敏的原因而放弃了自己也是正确的做题方法，而她的家长却没有鼓励她坚持自己的做法，而是想当然地下结论，这不利于芳芳坚持己见的习惯的养成。若长期下去，芳芳会慢慢变得没有主见。在类似的情况中，家长应该鼓励孩子要相信自己，坚持自己的看法，不要去盲目地从众。

3.鼓励孩子保持自己的特色

每个人都是不一样的，自己的特色对孩子的成长非常重要，家长要鼓励孩子保持自己的特色，不要盲目跟从他人。

李小兰是某校初三年级的学生，在班上，她常常感觉到自卑。她希望能通过改变让自己变得自信起来。

一天，她看到同学买了一件紫色衣服，虽然她自己最喜欢的是蓝色，但因为同学们都说紫色好看，她也去买了一件紫色的。小兰穿上新买的衣服后并没有得到想象中的赞美，反而觉得同学们都用异样的眼光看着自己。她感觉很失落，第二天就把新衣服藏起来了。

某天下午，小兰在练书法的时候看到好朋友林燕的一幅动漫画得很好看，就过去问她是怎么画的。林燕说："我这是照着书上画的。"

于是，小兰放弃了书法练习，转而去画动漫画了。再后来，小兰又因为其他原因放弃了动漫。但她却没有因此而自信，反而更觉自卑，生活没有了方向。

上述事例中，小兰希望得到大家的认可，不加选择地改变自己。她放弃了自己的特色，这是一种没有主见的表现。生活中，有些孩子会容易迷失自我，不知道什么适合自己，只是一味地盲目从众，慢慢地失去了自己的本色，随之也渐渐地没有了主见，这有碍于孩子将来的发展。

当孩子出现这种情况时，家长应该跟他谈谈，去了解他心里的想法，向孩子分析事物的情况，如果改变是孩子自我认识的需要而不是为了迎合大众，就鼓励孩子去改变，如果不是就鼓励孩子去做自己，保持自己的本色。

帮助孩子提高心理承受能力

　　苏涵今年16岁，是某校高一年级新生。在家里，父母非常爱她、宠她，不管苏涵有什么要求，他们都尽量满足她，不曾让她有过太多的失望。

　　有一天，老师在班上和同学们说："同学们，你们知道我们学校图书馆的图书资源现在很有限，很多大家喜欢看的书都没有。学校领导为了解决这个问题，向我们全校师生提出倡议，希望大家把自己喜欢看的、觉得好的书的信息写下来交到学校，学校会想办法让这些书出现在图书馆。当然，有条件的同学也可以把自己的书捐给学校，让更多的人分享它们。"

　　苏涵觉得学校的倡议很好，便决定把自己最近喜欢看的一本古典诗词捐给学校。回家后，她跟父母说了自己的想法，希望能买本新的给学校。父母同意了苏涵的想法，觉得苏涵这样做很有意义，但又担心苏涵自己去买会买到盗版的，于是对苏涵说："涵涵，这样吧，下班后我们去帮你买，好吗？"苏涵点点头同意了。

　　苏涵一直在家盼望着父母的归来，终于，父母回来了。苏涵跑上去问父母："书买了吗？"

　　父母一时窘迫，对苏涵说："刚才下班有事，把买书这件事给忘了，明天再去帮你买吧，孩子。"

苏涵听到书没有买回来，忍受不了内心的失望，把自己锁在房间里，一整天不和父母说话。此时，她只想大哭一场。

在上述事例中，苏涵因为父母没有及时买书而觉得心里委屈，把自己反锁在房里，这是心理承受能力弱的表现。由于生活水平有所提高，现在的孩子得到了父母和社会越来越多的关注。生活中，他们减少了很多不如意，也少了很多磨炼自己的机会。尤其是有些家长太过于溺爱孩子，对孩子的事情全程包办，这就更加使得孩子一旦遇到困难就难以承受。

有的家长因为工作忙等原因忽略了孩子的心理感受，当孩子心理受挫时，家长没有适时地予以引导，以为给孩子安逸的生活就能让孩子健康地成长。殊不知，人都是有感情的动物，都需要心灵的沟通。尤其是孩子，他们在遇到不如意的事情时更容易陷入思想误区，孩子的生活除了物质上的满足外还应该包括心灵上的充实。

还有一些家长对孩子要求太过于苛刻，要求孩子每件事都要做到最好，学习成绩要第一，绘画还不能落下，如果孩子表现得不如人意就否定孩子的一切。殊不知，人无完人，谁能保证每方面都做得优秀？家长如此的做法只会让孩子胆怯、抱怨，不能正确地看待生活中的挫折。

当今社会是信息多元化的社会，竞争越来越激烈，生活和工作中的压力也越来越大，如果孩子从小娇生惯养，或因为其他因素没有在心理上得到锻炼，那么孩子一旦离开父母走上社会，遇到阻碍时就会容易垂头丧气，停滞不前，也更容易产生心理疾病。既然心理承受力有如此重要的作用，家长应该怎样帮助孩子培养良好的心理承受力呢？

1.鼓励孩子树立正确的理想

因为对音乐有狂热的梦想，所以贝多芬能克服失聪所带来的困难，成为一代音乐大家；因为对历史有不懈的追求，所以司马迁在身心受创后仍能坚强生存，并完成宏伟巨作《史记》。

理想，是逆水行舟的桨，是腊月寒冬的炭，是支撑人在逆境中继续前行的动力。一个人对自己的理想越是确信，他越会坚定不移地走下去，越不会被困难击倒。

孩子的心理承受力弱，有很大一部分原因是他对在做的事没有追求，所以他对事物的求胜心不强，也因此当事情的发展遇到阻碍时，他便会很容易放弃。而如果他对自己所从事的工作有很大的理想和抱负，那么再大的困难在他眼里都不过是小泥潭，他会因为心中的梦想而内心强大，会一次次地战胜挫折。

当然，家长应该因材施教，鼓励孩子树立贴近自身的目标。比如，孩子喜欢篮球就鼓励他参加篮球比赛；孩子希望未来做文学家，家长要鼓励孩子树立梦想，并鼓励孩子多看书。

2. 让孩子在与伙伴交往中提高心理承受力

孩子与小伙伴的交往是很重要的学习过程，对于提高孩子的心理承受力是非常有帮助的。

程程四岁了，以前一直在家里，没有和太多的人接触过。今年，他刚上幼儿园，老师发现他总是自己一个人玩，老师上去叫他和小朋友们一起玩，他也是垂首不语。

一天，一个小朋友指着程程脸上的痣说："程程脸上有个黑点。"程程听后，"哇"的一声就哭了起来，老师哄了很久，他才停止哭泣。

有一次画画的时候，老师看见程程画得不错就把他的画给大家看，这时，老师看见程程和他的同桌在窃窃私语，隐约听到同桌在美

慕他。下课后，他俩就玩在了一起，因为同桌的关系，程程也和小朋友们一起玩游戏了。刚开始，他还有点拘谨，后来他越来越放松。一次游戏中，又有个小朋友指着他脸上的痣问他："你脸上怎么会有个小黑点？"

出乎意料，程程很和气地说："我也不知道，我妈妈说它是与生俱来的。"

上述事例中，程程因为以前一直一个人在家，不和其他人接触，所以有些孤僻，心理承受能力弱，一听到有人说他，不管错对是非，第一个念头就是哭。后来因为参与了与小朋友的游戏，在遇到同样一个问题时，他能很平静地回答，这是因为在游戏期间，他在不知不觉中增强了自己的心理承受力。

社交活动会增加孩子的自信，也会增强孩子的心理承受力。在活动中，孩子会以坚强者为榜样来完善自己，也会对不同的事情进行思考，比如，看见别的孩子因为不会削铅笔而哭泣，他会想如果是我会怎么样。这也会有助于增强孩子的心理承受力。

3.教孩子正确看待遇到的挫折

孩子的认识有限，有时不知道该如何面对挫折，这就需要家长教会孩子正确看待挫折。

宋媛是某校初三年级的学生，她学习很努力，成绩一直在班级的前列。一次考试失利，她成绩下滑了很多，她心里承受不了这样的打击，躲在宿舍里一直哭。

好朋友张琳劝了很久也没有起作用，最后，张琳只好把班主任叫来。因为班主任的耐心开导，宋媛才止住了哭泣。

上述事例中，宋媛因为一次考试失利而大受打击，这是没有正确认识考试的表现。考试的目的不是仅仅是为了成绩，它还为了检验学生对知识的掌握和运用程度，一次的失利不能代表什么，而且在人生的路途中，不是每一次努力都会有回报。

生活中，类似的事有很多。比如，很多孩子不能正确认识批评，以为批评就是说自己不行，说自己笨，以为天就会因此塌下来。批评只不过是指事情做得还不够，有些地方有待改进。家长们应该教会孩子正确认识失败，敢于面对批评，让孩子化悲痛为力量，继续努力，争取在以后的机会里取得更大的成绩。

让孩子在体育锻炼中提高毅力

蒋琪今年8岁，是一名三年级学生，身体胖嘟嘟的。因为父母从小就教育他要一门心思学习，所以他几乎不运动，渐渐地，他也不喜欢运动了。

蒋琪的成绩在班上属于前列，尤其是数学成绩。老师打算让他参加今年的全国奥林匹克数学竞赛，蒋琪很为自己被选中而高兴，同时也相信自己不会辜负老师的期望。

接下来，老师给蒋琪作赛前培训，每天定时给蒋琪题做，课后又帮蒋琪讲解题目和分析题型。刚开始，老师给的是一些基础题，并且数目相对少，蒋琪还能应付。几天后，老师觉得基础培训进行得差不多了，就增加了题量和题目的难度。

一天，蒋琪又开始做题。第一道题就把他给难住了，他苦思冥想还是不得要领，时间慢慢地过去了，他越来越急躁，但依旧没有一点思路。最后，他放弃了继续做题。

第二天，老师看到蒋琪的作业本是白茫茫的一片，就问他是怎么回事。蒋琪说："老师，奥数题太难了，我不想去比赛了。"

老师很意外蒋琪的回答，便耐心地给蒋琪做思想工作。这一次，蒋琪被老师说服了，同意继续参加比赛训练。但是，同样的问题在当天又出现了，蒋琪又被一道题目难住了，而他又一次放弃了做题。

次日，老师又问他原因，他依旧如故地回答，并执意要退出比赛培训。老师没有办法，只好另找他人去参加比赛。

在上述事例中，蒋琪在培训中遇到难题就退缩，对竞赛有始无终，这是意志力薄弱的体现。在我国，由于国家政策和生活水平的逐渐提高，孩子越来越成为家庭中的焦点。家长出于各种各样的理由减少了孩子锻炼身体的机会，比如，孩子出门三步有人抱，上学放学有车送。孩子还会出现一种"重文轻武"的思想，家长在孩子学习成绩好的前提下还帮孩子报艺术培训班，因为家长认为这样对孩子将来的发展有利，而运动则被他们认为是不务正业。

儿童时期是一个人生长发育最重要的时期，如果一个人在这个时期缺少身体锻炼，受影响的不仅仅是身体的发育，还有一些性格的培养。比如，缺少身体锻炼，孩子的免疫系统的抵抗力不强，孩子会更容易生病；还有，不运动的孩子性格会比较孤僻，情绪易于焦躁，更容易感受到生活的压力。

俗话说："身体是革命的本钱。"如果身体素质不行，孩子将来的发展会受到更大的阻碍。有研究调查表明，经常参加体育锻炼的人意志力更强，也更懂得团队精神和人际交往，情绪也相对稳定，这些都是在社会竞争中不可或缺的优秀品质。家长都是爱孩子的，都希望孩子在将来能生活得更好。那么，如何帮助孩子养成锻炼身体的习惯呢？

1.正确认识身体锻炼对孩子的重要性

生活中，很多家长没有正确认识到身体锻炼对孩子的重要性，一味地担心孩子会累坏了，平时连让孩子走路都不舍得，更不用说让他参加户外锻炼了。甚至有些家长还会觉得体育锻炼就是浪费时间，还危险重重，生怕孩子会因此受一点点的伤。一旦孩子从外面流了汗回来就心疼得不得了，不停地唠叨要孩子注意身体，不要崴了脚、伤了手。殊不知，不锻炼才是对身体的不重视。

孩子在一天的紧张学习中，心情会有些疲惫和压抑，如果此时出去锻炼身体，可以缓和孩子的这种压抑心情，减少焦虑，不仅身心都感到舒适，而且也会让学习更有效率。如果孩子能长期坚持锻炼，身体会得到很好的发育，还会培养其他方面的良好品格。

2.帮助孩子制订锻炼计划并和孩子一起完成

人都是有惰性的，对计划的执行无人监督和缺乏较强的毅力而渐渐松懈是很正常的，家长帮助孩子制订锻炼计划并和孩子一起完成，会让孩子更容易坚持下去。

郭明今年12岁，是某校初一年级新生。他自感于身体单薄，于是开学时为自己制订了一套锻炼计划，希望这样能增强自己的体质。

他计划每天起来晨跑，晚上做俯卧撑。一开始，郭明做得很起劲，但是后来随着同学的议论，学业的加重，还有天气的变化等原因，他慢慢地有些松懈，最后都几乎忘了他的计划，只是偶尔兴趣来的时候去跑一会儿步。

一天，爸爸问他怎么不晨跑了，他说了原因。爸爸听后便对郭明说："这样吧，以后我们一起跑，好吗？"郭明同意了，以后他们父子俩总是一起跑步。

上述事例中，郭明制订了锻炼计划，之后因为多种原因而对计划有所松懈，后来又因为爸爸的加入而重新实行计划，这是有同伴的魅力。

在生活中，孩子很少会对身体锻炼有详细计划，他们只是兴起而来兴尽而去，而且意志力不够，容易动摇。家长应该帮助孩子制订一个可行的锻炼计划，并和孩子一起完成。和家长在一起锻炼，孩子的积极性会更强，而且这样也增强了家长与孩子之间的交流。

3.在生活或游戏中让孩子得到体育锻炼

现代社会，因为科学技术的不断发展，越来越多的科技产品问世，生活中，孩子的运动机会也越来越少，如果家长还刻意地不让孩子运动，那么孩子的运动机会将会更少。家长应该利用好生活中的机会让孩子参与运动。

美国专家研究指出：步行是最好的锻炼方式。家长可以在孩子上学时不用车接送孩子，而让孩子自己步行或是骑自行车，上楼时如果时间允许的话最好也是步行。

当然，家长也可以带孩子出去郊游，去看看美丽的风景，和孩子一起爬山，和孩子在草地上游戏。

第二章

培养孩子的自信心，家长责任重大

不要总是责备孩子

　　杨杨今年上五年级了，上课总是说话，调皮捣蛋，不爱写作业，成绩糟糕不说，还对父母有很大的敌意。杨杨妈妈很难过，私底下，总是说："辛辛苦苦养大的孩子，竟给养成了个仇人！"

　　杨杨怎么会变成这样呢？

　　原来，早在杨杨刚上小学的时候，就有些粗心大意的苗头了，平时考试、做练习题，明明会的东西，总是出错。有好几次，别人都不会做的难题，只有杨杨自己做对了；偏偏是谁都会的基础知识，杨杨却错了一大堆。杨杨妈妈感到非常的失望，每次都训斥他："这么简单都做不对，整天就知道吃，你长心了吗？叫你多用点心，做完了再检查一遍，说了多少回了，屡教不改。你说，连个数都能抄错，你以后还能干点什么？"

　　开始，杨杨还想要改正，可好的习惯哪是那么容易养成的？每每被骂，杨杨都感到很难过。慢慢地，杨杨开始失望了，他觉得自己反正怎么都做不好，何必再花力气？这样，他也对妈妈产生了反感。

　　孩子总把父母当作最亲近的人，关注着父母对自己的看法。家长的表扬，是孩子认可自己、树立自信的重要依据。有时家长随口的一句批评，能让孩子难过很久，甚至让他觉得自己根本就"不行"，觉得家长只在乎成绩，根本就不爱他。如同杨杨母亲的一味责备，让他产生了不自信的念头，也失去了对母亲的信任，甚至产生了逆反的心理，本来有能力做好的事，也失去了兴趣。更何况，经常性的责骂，也会给孩子带来不好的心理暗示，让孩子产生自卑心理，觉得自己什么都不行，下意识地就会犯错。

其实，天底下哪有不犯错的人呢？成年人身上尚且有缺点和性格缺陷，更不用说孩子。一味的责骂解决不了问题，总是处在"挨骂"状态的孩子，很难树立自信心，相信自己能够成功，甚至为了避免挨骂，在犯了错之后还不肯承认，找借口往别人身上推脱。日常生活中，很多人在学校的时候成绩好，懂礼貌，性格温和，什么都不差，就是没主见。到了工作岗位后，这样的人常常是按别人的吩咐做事，当被质疑时就会自信心动摇，这些都与儿时经常遭受责骂有关。

因此，家长在日常的教育中就应该注意到这点，不要总是责备孩子。孩子冲动，不懂事，或是偷懒，或是因为不懂得问题的严重性而做错事是很平常的。这个时候，家长应该用冷静平和的心态来面对，对孩子满怀希望。家长应以身作则，通过言传身教的方式，帮助孩子改正错误，而不是一味的批评和指责。

家长要对孩子少一些责骂，多一些理解和鼓励。那么，要是孩子犯了错，该怎么办？这里有几点建议供家长们参考。

1．学会体谅，家长要允许孩子"犯错"

犯错并不可怕，每个人都会犯错，可怕的是不能养成从错误中吸取经验和教训，重复犯同一个错误，把错误当成了习惯。

孩子的社会观念、价值观念都不完善，很多时候，他们做错事只是因为他们不懂什么叫"错"。这个时候，就需要家长的帮助了，家长不该责备他们，而是要冷静地指出他们到底错在哪儿，讲清楚利害关系，解释清楚"你为什么不能这么干"。

假设孩子拿了同桌的笔袋不还，那么家长要引导孩子自己去反思，让他认为："我随便拿别的小朋友的东西是不对的，因为如果他们那样拿我的东西，我一定很生气，我不想生气，也不想惹他们生气。要是他们生气了，就没人陪我了。"家长要告诉他："如果喜欢，可以先征得对方的同意，再借过来。"孩子知道了后果和正确的做法后，就会自觉地约束自己。

如果家长一听说这样的事情就批评孩子，让孩子向人家道歉，而孩子有可能认为那不过是件小事，反而产生反效果——越不让做的事情，他偏要做。有的孩子干脆以一句"反正我就是这样的人了，你爱怎么说怎么说"顶回来。而一旦这样的事情成了习惯，让孩子变得自卑、自暴自弃，就很难再挽回了。

减少责备，允许孩子出错，然后指导他们如何避免同样的错误。这会为您的孩子带来成就感，帮他们树立自信心，让您的孩子越来越出色。

2.尝试用纸和笔跟孩子交流

通用公司前CEO杰克·韦尔奇就常常采用这样的办法，观察孩子一天的行为举止，在睡前，把评判写在一张小纸条上，指出错误和不足，哪里可以做得更好，并对优点作出肯定。这样，用纸条代替责备，不仅避免了剧烈的情绪冲突，还能让孩子在认识到错误的同时，觉得自己是被重视、被尊重、被信任的。

有时，孩子明知故犯，屡教不改，或者做的事情让家长很生气。这样的情况下，家长很难在与孩子谈论这件事时保持冷静。带着怒火的批评很容易激化矛盾，伤害到孩子的自尊心。

这时，不妨尝试给孩子写封信。书写的过程中，情绪自然就会慢慢平静下来，那些说过了头的话，也不会落在纸上。

家长们还可以鼓励孩子写回信，在纸上进行全面的交流，让孩子把平时面对面不敢说，说了怕家长们生气的心里话都写出来。进行良好的沟通，然后针对问题的关键对症下药，这比单纯的责备有效。

3.借助榜样的力量约束孩子

家长们平时关注过孩子爱看哪些动画片吗？谁是他心目中的大英雄？如果你觉得孩子的性格或是行为出现了偏差也可以通过借助榜样的力量来进行纠正。

如果孩子崇拜什么人，通常代表他期待自己也成为那样的人，也希望别人会那样看待自己。当他的做法和他心目中的大英雄产生了冲突，孩子往往会反思自己，认为自己做错了。他会希望通过改变自己，来改变别人对他的看法。

孩子对爷爷奶奶说话没有礼貌，不妨领他看看葫芦娃。然后问他：

"你喜欢葫芦娃吗？"

"喜欢。"

"为什么？"

"因为他们是英雄。"

"那你想成为大英雄吗？"

"想。"

"那妈妈监督你做个大英雄好不好？"

让孩子看看葫芦娃是怎样和他们的爷爷说话的，然后让他也学着做。

这样，既满足了孩子的自尊心、自信心，也能让孩子主动学会自我约束和管理，学会自我反省，拉近亲子之间的距离，有效规避了一味责骂给孩子带来的伤害。

帮助孩子看到自己的长处和优点

小欣的成绩在班级里名列前茅，在各项活动上也总是表现出色，很得老师的喜欢。只是同学们都不喜欢她，为什么会这样呢？

原来，大家认为，小欣比大家厉害那么多，还整天一副"我什么都不懂、什么都不会的样子"，明明每次考试能得90分以上，还在那里假模假式地担心，太虚伪。她明明就会弹琴，又会唱歌跳舞，每次班里举办活动，非推说自己不会，要大家求她才肯去，那么傲气的人谁会喜欢？

面对质疑，小欣总是回答："可是，我本来就做得不好啊。"

她感到很委屈：自己不过说了实话，周围的人怎么能这样对自己呢？

有一次，她问妈妈，妈妈却说："如果所有人都不喜欢你，那一定是你本身有问题，自己好好想想吧。"

小欣想了半天还是不明白自己哪里做错了。那么，究竟是哪里出了问题？

小欣说的是自己的真实想法，大家却认为她虚伪、傲气。这么出色的小欣为什么对自己如此不自信呢？问题，就出在小欣妈妈的身上。

小欣妈妈是一位很强势的职场女性，在家里很严厉，对小欣的期望也很高。平时，小欣写完了作业，想休息一会儿，妈妈就会数落她："琴练了吗？忘了上次老师怎么说你的？性子怎么就那么懒，弹得那么差劲也不知道用点心。"要么妈妈就是冷嘲热讽："哟，瞧我们家小欣多厉害，天天光写个作业，公式都记不住却能拿高分。"

分数高了，妈妈认为要是她能改掉马虎的毛病，肯定能更好；分数低了，妈妈担心她不用心，成绩会下滑得更厉害；要是她偶尔得了个满分，妈妈生怕她因此骄傲起来，下次不能保持。不光学习是这样，平时小欣唱歌跳舞弹琴，也总是被泼冷水。

小欣妈妈觉得小欣已经这么棒了，要是能再把那些缺点都改掉就更好了。同学们也觉得小欣很厉害，可小欣自己却不那么想，她觉得不管自己怎么努力，还是不能让妈妈满意，什么事情都做不好，什么优点都没有不说，性格还不讨人喜欢，感到很苦恼。

像小欣这样固执地认为自己"没什么优点"的孩子并不是个例，而是带有一定的普遍性。可见，孩子自信心的树立，靠的不仅是其他人的认可和肯定，更需要家人对他们的肯定和认同。孩子的思想还不成熟，往往会把别人的话当成自己的观点。这个时候，如果家长总是看着孩子的缺点而对优点全然不提。时间长了，孩子就会对自己产生怀疑，认为自己没有什么优秀的地方。这样的观点一旦形成，家长再去夸奖他、鼓励他，孩子也不会相信了，反而认为家长只是在安慰他们。

这样的孩子本来有出众的能力，却总是不自信，认为自己做不了大事，别人一定比自己更好，时间久了就会变得平庸了。还有一些孩子，本来在大家平时关注的事情上就不够擅长，又被不断地灌输着"你有缺点"、"你有问题"等观念，使得他们不仅在自己不擅长的事情上放弃了挑战的念头，连对本来擅长的东西，也逐渐失去了信心。

由此可以看出，孩子充分了解自己的优点和长处是十分重要的。这样他们才能根据自己的优点，有选择地对不同事物进行尝试和挑战，并从中获得成就感，才能在与他人的比较和竞争中找到自己的优势。因此，在日常生活中，家长们应主动帮孩子找到他们的优点和长处，而不是总盯着孩子的缺点，一味批评指责。

对于如何让孩子发现自己的优点和长处，这下面几点建议供家长们参考。

1.让孩子每天记下一件自己做的好事

家长可以让孩子在每天睡觉前，在本子上写下一件自认为做得最好的事情，月末的时候作一个总结，想一想"我这个月都做了哪些事情"，然后让孩子在本子上写出对自己的评价。家长可以用另一个本子，每天也写下一件对孩子最满意的事情，月末时把两个本子放在一起分析，把总结出的优点按月份记在本子的最后一页。这样，孩子就可以清晰地看出自己都有什么长处，最近有了什么进步，哪些地方应该继续努力了。

家长要让孩子把这个本子保存下来，在遇到困难时就翻开看看自己是如何一点点进步的，孩子就会变得对未来充满了信心。

这样，既可以及时解决分歧又能避免孩子滋生自负的情绪。家长还可以尝试对孩子的不足之处也用同样的方法与孩子进行交流。亲眼看着自己的缺点一点点减少，也会给孩子带来很大的成就感。

2.给"缺点"找到适合它发挥的空间

你听过著名化学家、诺贝尔化学奖获得者奥托·瓦拉赫的故事吗？通过

这个故事，你会学会给孩子的缺点找到适合它发挥的空间。

奥托·瓦拉赫的父母一直对文学很感兴趣，希望能把他培养成一个文学家。奥托·瓦拉赫因而从小就开始学习文学知识，坚持文学创作。但一直到他上了高中，他所写出的最好的作品依然被老师认为"刻板至极"、"简直无聊得可怕"，老师们都认为他很难在文学上有所成就。奥托·瓦拉赫对此感到十分难过，他很迷茫，在文学上没有出路，那自己的未来该怎么办？

这时，一位化学老师向他提出了建议："不妨来尝试一下学习化学吧！我看过你的文章，作化学研究最需要的就是那样一丝不苟的严谨态度。"

奥托·瓦拉赫半信半疑地开始了尝试。结果没过多久，化学家就成了奥托·瓦拉赫人生的新目标——再没有什么东西比化学更适合他了。

优点和缺点不是绝对的，就像一片树叶的两面。很多时候，缺点只是被放错了地方的优点，称之为特点才更恰当。很早的时候，孔子就提出过"因材施教"的概念，让奥托·瓦拉赫这样生性拘谨刻板的人去创作无疑是错误的，而化学这样严谨的学科才更适合他。

孩子看到自己身上都是缺点时会很沮丧，其实这只是因为把自己的特点用错了地方而已。

家长们在教育孩子的时候应该注意到这点。如果您的孩子生性活泼好动，总是坐不住，一看书就走神，那就多领他去户外运动，锻炼身体。这时，活泼好动就成了孩子的优点了。家长还可以在玩篮球的时候向孩子提出问题，比如"为什么篮球里都是气还能弹那么高"，充分调动起孩子的好奇心，他就会自己去努力找出答案了。

又如，喜欢顶嘴的孩子大都对展开一场精彩的辩论赛有兴趣，这时，思维敏捷就成了他们的优点；对于爱管闲事的孩子，小志愿者的工作一定很适合他，心地善良就是他们的优点。家长应该根据孩子的特点，耐心地对孩子进行引导，给孩子的"缺点"找到适合发挥的空间。这样，孩子就不会因为自己身上有缺点，有的事情总做不好而感到自卑了。

3.鼓励孩子多在集体活动中作尝试

如果孩子不够自信，总是觉得自己优点太少、缺点太多时。家长不妨鼓励孩子多作尝试，多参加大型的、集体的活动。孩子通过集体间的分工合作会找到适合自己的位置，自然也就找到了自己的长处。从大家的口中得到的肯定，会比家长、老师单纯的夸奖更有说服力。

孩子多参加不同类型的活动，通过锻炼也能克服自己的缺点，把短处变成长处。而每次成功后的反思更会让孩子认识到自己的进步和身上的优点，变得越来越自信。

从小事做起，增强孩子的自信心

宝宝是家里的"独苗"。宝宝的爸爸和妈妈结婚的时候年纪已经不小了。宝宝一生下来，就成了家里的"小公主"，几双眼睛时刻盯着宝宝的一举一动，生怕她有什么闪失。

两岁的时候，宝宝想自己吃饭，妈妈一把就将勺子抢了过去，担心地说："这孩子，戳到自己怎么办？"

上幼儿园了，园里的小朋友都自己穿衣服，只有宝宝每次都要找老师帮忙。

平时宝宝在家里，从刷牙洗脸到上厕所，全都是爸爸妈妈一手包办。玩过的玩具丢得到处都是，她自己从不收拾。

宝宝喜欢撒娇，每次妈妈要她一个人睡，她就抱着妈妈的手臂不松开。一直到六岁，宝宝都没有一个人睡过。

后来，宝宝上小学了。宝宝爸妈觉得宝宝这么开朗活泼，一定能和同学相处得很愉快。谁知，一个学期过去了，宝宝竟然变得不爱说话了，也不跟小朋友们一起玩，平时总一个人闷在屋子里，一副孤僻的样子。

宝宝的爸妈着急又纳闷，去向老师咨询。

"我感觉那孩子有点自卑。"老师这样说道。

怎么会这样？宝宝的爸妈很震惊。他们赶紧回家跟宝宝交流，哄了她好久，才从她口中得到了答案。

原来，宝宝上小学了，她周围的同学都很自立。宝宝的同桌会自己把头发梳成漂亮的马尾；坐在宝宝前面的男生总是很自豪地说他可以自己把自行车从家骑到学校，不用家长送；即使是班里那个看起来笨笨的女孩，也能把自己的书桌收拾得干干净净的，一点灰尘都没有。

宝宝很难过，因为只有她自己笨手笨脚的，什么都做不好。

事例中的宝宝一直享受着家长无微不至的照顾，本该自己做的事情却很少有机会动手，偶尔做的时候自然显得笨手笨脚。一旦孩子在日常生活的事情上比不上其他的小朋友，很容易就会认为自己处处不如别人。孩子对自身能力认同的程度是影响孩子自信与否的重要因素之一。对于生活、交际的圈子都很简单的孩子来说，能在其他小朋友面前独立做好一件事，就是对自身能力的最好肯定——"我自己就能做好，不像你们还要找妈妈"。

家长过度保护孩子，剥夺了孩子学习自立的权力。久而久之，孩子就失去了自己动手的热情；没有经过锻炼，孩子就没有自己动手的能力。孩子做事总是笨手笨脚的，家长就更有了越俎代庖的理由。这就形成了恶性的循环。

这样的孩子一旦到了需要自理的年纪，看到其他同龄人的自然娴熟，就会产生自己"不行"的念头。孩子会认为自己连小事都做不好，其他的事情也一定做不好。如果这个时候家长还不给孩子锻炼自己的机会，甚至加以训斥，就会固化孩子这样的念头，让孩子越来越自卑。有的家长经常一边慨叹自家的孩子这么大了还不能自理，一边在孩子想自己动手的时候直接代劳。很多到了二三十岁还在"啃老"的人，都是儿时的过度保护养成的坏习惯。

其实，孩子每一天都在成长。家长们总是用"你还小"这样的理由来过多干涉孩子的生活并不合适。家长需要做的是多鼓励孩子去做一些力所能及的事情，多为孩子提供一些锻炼自己的机会，来培养他们的自信心。当然，对于家长来说，不考虑孩子的实际能力，觉得别人家孩子能做到的事情自己的孩子肯定也做得到的心态同样不可取，太苛刻的要求反而会破坏孩子的信心。对于孩子超出自己能力的尝试，家长要耐心监督和正确引导，对孩子的努力予以肯定，向孩子解释清楚为什么"他不行"，而不是粗暴批评和拒绝。用耐心培养和维护孩子的自信心，下面有几点建议供家长参考。

1.训练孩子自己的事情自己做

训练孩子自己的事情自己做，让孩子在力所能及的小事中增强自信，是帮孩子树立自信心最简单的方法。家长可以从小给孩子树立起这样的观念：没有什么比有能力照顾好自己更值得感到自豪了。根据他的年龄和能力，家

长把照顾他的工作转交给孩子自己，让孩子一点一点走向自立。

要做到这一点，家长更多的是要控制好自己溺爱孩子的心理，放手让孩子去尝试。只要教会了孩子如何去做，即使孩子做得不好也不要动手代劳，让孩子通过反复练习逐渐进步，养成做事有始有终的好习惯。家长要看到孩子的进步，及时进行鼓励和表扬。通过训练孩子自己的事情自己做，让孩子亲眼看到，他是如何从一个什么都要依靠父母的"笨小孩"，一步一步成长为一个凡事都能靠自己的小"大人"的。这个过程中孩子每一次的进步，克服的每一个困难，都会成为他自信心的源泉。

2.请孩子"帮忙"

孩子喜欢模仿和尝试，好奇心强。看见父母在做什么事，孩子也会想试试看。这个时候，父母可以抓住机会，委托孩子做一些他能够完成的事情。

兰兰的妈妈是一名教师，总在家里批阅试卷。兰兰对妈妈桌子上那一沓厚厚的卷子很感兴趣。这个时候，兰兰妈妈就可以说："兰兰，卷子太多了妈妈批不完，兰兰帮帮妈妈把每张卷子的分数算出来好不好？"

教给兰兰计算的方法，与她一起工作，既满足了兰兰的好奇心，锻炼了兰兰的算术能力，也让兰兰体会到工作的辛苦，拉近了母女关系。

第二天，爸爸问起："兰兰昨晚都不理爸爸，在做什么呀？"

兰兰会骄傲地回答："我在帮妈妈做她的工作。"

家长们可以学习兰兰妈妈的做法，根据孩子的年龄和能力特点请孩子帮助家长做一些力所能及的事情，如让孩子帮忙买东西等。先教给孩子方法，然后放手让他去尝试。孩子做好了，家长不要吝啬自己的夸奖；做得不成功，家长也要对孩子进行鼓励，帮孩子总结经验，争取下次做得更好。这样，孩子每一次成功的"帮忙"经历，都会成为他自信心成长的依据。

3.鼓励孩子成为"小志愿者"

让孩子参加适合自己的志愿活动也是一个好办法。内向的孩子可以考虑去敬老院或者孤儿院帮忙；开朗的孩子可以选择参加义卖会。家长要根据孩子的特点选择一些力所能及的志愿活动，鼓励孩子参加。孩子通过自己的努力帮助了他人，会让他们认可自己是个有用的人，为自己感到骄傲。这样的经历不仅能开阔眼界，也会帮孩子很快地树立自信心，为将来更好地融入社会大环境做好准备。

家长的信任让孩子更自信

明明妈妈小的时候因为成绩不好没有考上高中，吃了很多苦头，所以特别在意明明的学习成绩。她觉得明明本来就不聪明，就更该好好努力。"笨鸟先飞嘛。"明明妈妈总是这样对明明说。

在妈妈的督促下，明明每天都很用心地做作业，周末去上课外班，所有课余时间都扑在各种参考资料上，生怕自己掉队，惹妈妈不高兴。

然而，就算是这样，妈妈对明明的学习仍然不是很放心，她每天都会检查明明的学习进度，要是哪天明明稍微耽搁了一点，立刻就是一顿批评："明明，看你现在这样子，没人家聪明还学人家偷懒，以后能考上哪所学校？"

明明感到压力很大。有时晚上在床上翻来覆去地睡不着，担心万一到时候自己真的考不上该怎么办，又觉得自己不是很聪明，就算努力了，以后考个好学校的机会也不大，到时候妈妈是不是就不会喜欢自己了。

明明越想越睡不着，第二天去上课也没什么精神。妈妈知道了明明课上的表现不够好，晚上对明明批评得更加严厉。

时间久了，明明也觉得自己根本不可能考上好学校，渐渐变得自卑了起来。

每个孩子都希望从父母那里得到前进的勇气，也希望自己能成为父母眼中的骄傲。然而，家长不信任孩子，或口头上信任，行动上却表现得对孩子毫无信心，都是对孩子自信心的严重打击。上述事例中，妈妈对明明的不信任，给他留下了一个错误的印象——学习对他来说很困难。妈妈经常对明明的能力表示怀疑，明明也就逐渐认可了自己"不够聪明，肯定学不好"的错误观点。像这样，家长对于孩子长时间地一再否定，慢慢地就使孩子的自信心被消磨干净了。

家长的态度往往会直接影响孩子对自己的评价。孩子总是受到消极的暗示，自信心经常被家长打击，往往就会产生自我怀疑的念头，认为自己处处不如人。家长如果不信任孩子，总是质疑孩子是不是在说谎、做了坏事，孩子就会对家长产生抵触情绪。如果家长总是误会孩子，孩子很可能变得不再信任家长，一旦做了错事就撒谎隐瞒，甚至在意气之下把家长当成敌人，专以做家长禁止的事情为荣。

陶行知先生曾说过这样的话："教育孩子的全部秘密在于相信孩子和解放孩子。"应该学会信任孩子，家长不仅要有口头上的信任，还要在行为上做到信任，做到言行一致。多说鼓励，少讲质疑，家长相信孩子，对孩子满怀期待，孩子才会对自己更有信心。

学会相信孩子，对家长来说也是一项考验，下面有几点建议供各位家长参考。

1.相信孩子能独立面对挑战

很多家长都经常这样做：口头上说信任孩子，然而日常生活中，孩子一旦遇到稍有难度的事情，家长就以"你做不到"为名主动代劳。其实，这样的做法并不利于孩子的成长。

孩子都有好奇心，乐于面对挑战，很少会因为一时的失败而一蹶不振。他们成长和进步的速度都非常快，善于学习和模仿，他们渴望独立面对挑战，以向家长证明自己。因此，信任孩子，家长们应该尽量放开自己的顾虑，相信孩子有直面挑战的能力，信任孩子能够承受失败的后果，鼓励他们主动去做。

2.相信孩子天性善良

当孩子做错了事情，家长也要相信孩子的本性是善良的，相信孩子愿意主动改正错误。

小北的脾气暴躁，经常跟其他的小朋友发生口角。在一次口角中，小北不慎打破了隔壁家小东的头。妈妈领着小北去隔壁给小东道歉。

回家的时候，小北感到很不安，认为一定会被妈妈责备。没想到妈妈却只是温和地说："小北是好孩子，妈妈相信小北下次不会再这样莽撞了，对吗？"

那以后，小北每次想要发火都会记起妈妈那天说的话，让自己冷静下来。小北再也没有跟其他小朋友打过架了。

跟口头上说的话相比，孩子犯错时家长的反应更能让孩子感受到家长的真实想法。如果家长在孩子犯错后只是简单粗暴地对孩子进行批评和处罚，尤其是说出类似于"我早知道你不干好事"这样的话，或是抓住孩子一时的错误不放，都会让孩子觉得自己其实根本就没有得到过家长的信任，从而导致一系列的不良后果。

这个时候，像事例中小北妈妈这样的做法就是比较可取的。妈妈没有对小北进行严厉的批评，而是选择了信任小北，和颜悦色地引导小北自己反省，相信他会约束自己。小北妈妈信任自己的孩子本性善良，相信他能够改正自己的错误，而小北也没有让妈妈失望。

3.相信孩子的建议能为家庭决策提供帮助

让孩子参与家庭重要决策的讨论，也是让孩子感到自己是被信任的有效方法。

在作出重要的决定时，家长不要认为小孩子不懂事就觉得没必要让他们参与。其实，孩子对于家里的大事也会有自己的看法，孩子的视角同样有可取之处。孩子渴望自己被信任，渴望能够帮上家长的忙。让孩子像大人一样参与重要家庭决策的讨论，就是对孩子思想、能力信任的直接体现。

在进行讨论时，如果孩子的建议不可取，家长应该认真地解释，而不是随意哄孩子两句就忽略这件事。让孩子感到自己的提议确实是被认真考虑过的，让孩子明白他的确是通过自己的思考为家庭做出了贡献，孩子会从中体会到家长对他的信任，从而更加自信。

适当的称赞能树立孩子的自信心

兰兰的父母都是很博学的人，父亲待人接物温和有礼，母亲对孩子又耐心又细致，遇事还会先与孩子商量，两人都通情达理得令人羡慕。可是，夫妻俩都是内敛的人，谁都不爱夸孩子。

兰兰第一次自己叠了被子，兴冲冲地去求爸爸夸奖，爸爸只是淡淡的"嗯"了一下。

兰兰画的画被老师夸奖，拿回家，妈妈只看了一眼就不再作声。

兰兰在一次很难的数学考试中得了满分，兴高采烈地拿着试卷回家，满以为这次能得到家长的夸奖。谁知对着兴冲冲的兰兰，妈妈只是简单地说："先把书包放下，快吃饭吧。"兰兰顿时像泄了气的皮球一样，说不出话了。

兰兰在学校跟其他的小朋友聊天，其他人如果成绩好，回家都会被夸奖，只有自己永远得不到爸爸妈妈的夸奖。

时间久了，兰兰有些灰心丧气了。"不管怎么做他们都不会满意，我干吗还花那么多力气？"兰兰没办法控制自己总是这样想。

兰兰开始变得没有以前那么努力了，做什么事都懒洋洋的，一点都不认真，上课也不用心听讲，成绩下降了很多。面对大家的担忧，兰兰却是一副好像一点都不在乎的样子。

兰兰的父母教育了兰兰几次，可兰兰每次都只是不痛不痒地"嗯"

上几声，之后依旧我行我素，十分让人头痛。

今年，兰兰上初中了，成绩还是没有一点起色，没有上进心不说，还整天把"反正我又不会"当成口头禅挂在嘴边，让兰兰的父母很是苦恼：这可如何是好？

孩子总是通过受到的称赞来确定自己是否被认可。他们的社交面窄，最初的自信心就建立在家长的称赞上。而且，孩子经验有限，对事情的观点容易受到影响，这就更需要父母用称赞为他们指引正确的方向。家长的称赞，是对孩子追求成功最好的鼓励和肯定。上述事例中，兰兰喜欢尝试，希望自己表现出色，想要得到父母的夸奖，这些也是孩子的共性。而兰兰的父母却一直很少称赞她，让她的这种需求无法得到满足。最开始，兰兰会认为是自己做得不够好而继续努力。时间久了，兰兰就会悲观地觉得自己永远都无法让父母满意了。连父母的认可都得不到，兰兰自然无法认为自己是出色的。这样，时间长了，我们也就不难理解兰兰为何自暴自弃了。

在中国传统的教育模式下，很多家长都习惯于这种有错就要批评的教育方式，而忽视了称赞对于孩子成长的重要作用。孩子有了进步或者做成了一件事，却没有得到家长的称赞，他们会对家长感到失望。孩子会怀疑是不是自己做得不够好，从而对自己也失望。当孩子多次的努力依旧无法改变这些令人失望的局面时，就会觉得自己的努力是没有必要的。怀着这样想法的孩子，如何能不产生自卑心理呢？

家长的称赞对孩子自信心的培养意义非凡，然而，称赞孩子也是有技巧的。有效的称赞不仅应该适度、及时，发自内心，还要做到正确地对孩子的价值观念进行引导。家长应结合孩子的年龄和实际能力，随时抓住称赞孩子的机会，把表扬的对象落在具体的事件和行为上。不仅要用称赞肯定孩子的进步，也要用称赞告诉孩子什么样的行为才是值得鼓励的。反复对孩子强调他是出色的，孩子也会对自己更自信。

通过适时的称赞帮助孩子树立信心，下面有几点建议可以供家长们参考。

1.称赞孩子的进步

家长称赞孩子的进步，是对孩子努力的认可，会让孩子从中感受到家长对他们的期望，让孩子更加自信。家长需要有发现孩子的微小的进步与成就的能力，这样才能做到抓住合适的时机，随时称赞孩子的进步。

家长首先要做的就是克服自己不以为然的心理，找到孩子值得称道的地方，不能因为孩子的进步太小就认为没有称赞他的必要，或者因为不好意思放弃开口。

同时，家长们也应该注意，随着孩子的不断进步，称赞孩子的标准也要不断提高。一成不变的称赞会让孩子厌烦，同时也会让孩子滋生出骄傲自负的不健康心理。

2.认可孩子的努力

孩子都是在不断的错误和失败中慢慢长大的，自然不可能事事不出错。孩子做事情失败时，自信心往往会被动摇，因此更加渴望家长的肯定。这个时候，家长的及时、适度的称赞就是对孩子自信心最好的安抚。

实际上，对于孩子来说，无论是在做一件事的过程中所付出的努力，在失败中获得的经验教训，还是在不断的实践中体现和升华的性格的闪光点，都该为孩子赢得相应的称赞。家长们应该记住这一点：过程永远比结果更重要，只要孩子的目标是正确的，孩子的努力就应该得到表扬。抓紧时机多称赞孩子几句，孩子才会更加自信。

3.减少与其他孩子的比较

通过称赞孩子的方式培养孩子的自信心，家长就要控制好自己的攀比心理，把自己孩子与其他孩子的比较控制在合理适度的范围内。总拿自己孩子的短处与其他孩子的长处比较，和总拿自己的孩子与比他优秀很多的孩子相比较的家长，都会错误地觉得自己的孩子让人难以满意。而抱着这样念头的家长往往都很难做到发自内心地称赞孩子。

家长对于孩子之间的比较应适度进行，每个孩子的天分都不同，有的孩子擅长逻辑思维，有的则可能擅长运动。所以，评价孩子的标准也不应一视同仁，家长不能因为孩子在某些方面不够擅长就盲目地认定自己的孩子不如他人或者不够努力，当着他人的面说孩子"没什么值得夸奖的"。家长只有控制好自己的攀比心理，在充分地了解孩子各方面的能力，了解孩子的缺点和长处、性格和兴趣的基础上，把"对比"控制在合理范围内，才能适度、及时地对孩子进行称赞，帮助孩子树立自信心。

帮助他人也能让孩子自信

东东一直对数学比较有兴趣，成绩也还不错。

一次，他跟隔壁班的王晓一起报名参加了一个数学竞赛。从课外知识的扩充到答题技巧的练习，两个人认真准备了很久，进步十分明显。周围的人都认为他们一定能在竞赛中取得一个好成绩，东东和王晓对此也十分自信。

然而，直到拿到了竞赛的试卷，东东和王晓才发现，他们之前的想法太自以为是了——平时成绩稍好一些的王晓，都有超过一半的题不会做；而东东，有几道题甚至连看都看不懂。

竞赛的结果一出来，看着榜上一个个高高的分数，两个孩子十分沮丧，对自己的数学水平产生了强烈的怀疑。他们总觉得之前大家对他们的夸奖不过是在哄他们玩，再想想自己之前那志得意满的样子，脸都臊红了。

从那以后，王晓就一直闷闷不乐。有好几次，他甚至当着很多人的面挖苦自己说："我那数学根本就是没救了，跟人家完全没有可比性。"东东被安排给他班级里的同学辅导数学，王晓知道了也没什么反应。

没过多久，东东就在家长和班主任老师的帮助下恢复了自信，而王晓的表现却一直没有起色。他总是整天趴在桌子上不说话，也不肯好好听课。老师和家长一夸他数学好，或是哪道题做得不错，他马上就会发火，认为大家是在讽刺他。同学们有题向他请教，他也不搭理，一回家就把自己关在屋子里不出来。家长安慰他一次失败代表不了什么，劝他再努力，他也不听。

就这样，到了期末，王晓不仅没有在期末考试中一雪前耻，数学科目考出一个好成绩，连其他的科目也受到了影响。

王晓的数学天赋被渐渐埋没，他的父母恐怕要负很大的责任。孩子本身就很敏感，尤其是在一直很自信的方面受到打击时，就更容易胡思乱想，对周围的一切都感到怀疑。孩子的自信心受挫严重，在这样的状况下，周围人对于孩子的安慰都很难被听进去，有些夸奖和鼓励甚至可能会被孩子所曲解。这时，家长切到实处的合理引导就体现得尤为重要了。

与东东很快就被安排给同学作数学辅导相比，王晓的父母对这件事情就没有做到及时应对。由于没有得到正确的引导，王晓一直无法从过度的自我怀疑中解脱出来。而长时间沉浸在这种不良情绪中，使王晓越来越不自信。孩子对周围的人和事失去了热情，放弃了努力，结果连本来能做到的事情都没有做好。长此以往，孩子会彻底忘记自己原有的优势，沉溺在自卑的情绪中难以自拔，逐渐自暴自弃。

为了解决这个问题，让孩子去帮助其他人就是一个很好的方法。家长们在日常生活中就应该向孩子传达乐于助人的观念，鼓励孩子们用自己力所能及的实际行动为他人提供帮助，让孩子在帮助他人的过程中获取自信。家长还要提前教会孩子帮助的正确方式和合理尺度，防止孩子好心办了坏事，在孩子被人误会而伤心难过时及时开导，及时纠正孩子自大自满的心理，并保证孩子不会在帮助他人时受到伤害。

关于让孩子从帮助他人中获取自信的做法，下面有几点建议供家长参考。

1.鼓励孩子帮助同学

孩子在日常生活中，与同学待在一起的时间是最长的，同学间的相处对孩子来说十分重要。每个孩子都有自己不擅长的东西，家长应该鼓励孩子利用自己的特长帮助其他同学。这样既有利于孩子自信心的培养，也会让孩子在班级里跟同学相处得更为融洽。

要做到这一点，家长不仅要对孩子帮助同学的行为提供口头上的鼓励和支持，也应该以身作则。家长在日常生活中，如果发现身边的人遇到了困难要主动提供帮助，用实际行动为孩子做出榜样，而不是嘴上说一套实际上做另一套。

家长也要提醒孩子在帮助同学时要摆正心态，注意自己的言辞语气和说话态度，不能因为比别人强一点就沾沾自喜，把自己的帮助当成施舍。

2.为孩子创造帮助他人的机会

前面提到的东东的家长究竟是如何做到帮东东恢复自信的？

原来，东东的爸妈拜托东东的班主任老师给东东布置了这样一个任务：帮班级里数学不及格的同学作课间辅导。

刚开始，东东还不情不愿的，埋怨父母是在往他的伤口上撒盐，净会给他瞎找麻烦。

可没过多久，东东就体会到家长的苦心了——在帮助同学学习的过程中，东东获得了很大的满足感，这让他认识到，就算这次题都不会做也没有关系，就像他正在帮助的同学们一样，虽然他们数学还不太好，但通过去请教老师和其他同学，会不断地进步。

"他们都在不断进步，我当然也可以，还要进步得比他们都快。"就这样，东东很快振作了起来，他这样告诉自己。

孩子都希望自己是优秀的，如果能够用自己的能力帮助他人，就是对孩子的最好肯定。当孩子受到打击，对自己产生怀疑时，这样的肯定可以很好地帮助孩子重新树立自信。东东的父母就充分地利用了孩子的这一特点，在老师的帮助下为东东创造了帮助其他人的机会。东东在为其他孩子讲解题目的过程中不仅帮助了别人，体现了自身的价值，也重新对自己进行反思，找回了信心。因而东东很快地就从上次失败的打击中站了起来。

在日常生活中，如果孩子比较害羞、腼腆，或者刚刚受了打击，积极性不高，家长们像东东爸妈一样主动为孩子寻找、创造帮助他人的机会就是十分必要的了。

家长可以主动要求孩子帮自己的忙，或者带孩子去孤儿院慰问，领孩子参加社会公益活动等。家长创造的机会要符合孩子的性格和能力。家长不应过多干涉孩子的具体做法，如果有错误，可以在事后指出，让孩子自己改正。

机会的创造也不宜太过频繁，家长为孩子创造的机会主要是起到为孩子引路的作用，用来调动孩子的积极性。然而通过帮助他人树立自信，更多的是靠孩子自己。家长应该切记这一点，不能以"创造机会"为由过多地干涉孩子的日常生活，否则会引起孩子的反感。

3.让孩子为社区中的寡居老人提供帮助

孩子可以在帮助他人的过程中获取自信，但孩子本身的能力较弱，自我保护的意识不足，有时好心地想要帮助别人，反而受到了别有用心的人的伤害。

家长不能打击孩子想要助人为乐的热情，又不能时时刻刻地陪在孩子身边，这个时候，家长不妨去跟社区里寡居的老人聊聊，让孩子去陪陪他们。让孩子为老人们做一些力所能及的简单事情，如扶老人上下楼、帮忙收拾屋子、帮老人买菜等，不仅锻炼了孩子的耐心，让孩子从自身价值的实现中获得自信，也让孩子的道德意识得到了提升，这些都对孩子的健康成长产生了很大帮助。

孩子的自信心需要父母耐心的培养

　　吴蕾爸妈都是企业高管，在公司习惯指挥别人，回到家也为女儿规划好一切，由于见惯了优秀的人，对女儿的要求也极其高，女儿稍有令他们不满意之处就严加批评，久而久之，吴蕾变得没有一点自信。

　　为了重塑女儿的自信，吴蕾爸妈也改变了一些教育方法，尝试着多夸奖孩子，吴蕾言语中也渐渐地恢复了一些自信，爸妈见势又恢复了以往的方法。这次的学校才艺表演是爸妈帮她报的名，他们就是想要女儿证明自己优秀。没想到，吴蕾竟然在一个简单的舞步上出了差错，摔倒在地，台下观众一片哄笑，吴蕾爸妈觉得没有面子，就批评了她一顿。

　　自从那次表演失败后，吴蕾有些不一样了，虽说还是每天按时上课、练舞，但她好像对自己特别狠了，回到家就关进书房，闭门写作业，连吃饭都不出来，写完作业后，又开始练芭蕾，直到晚上睡觉音乐都没停过。爸妈刚开始很高兴，认为女儿在努力了。可日子久了，爸妈开始有些不安了，这么练下去身体哪吃得消。

　　一天，爸爸妈妈突然听到重重的撞击声，赶紧拿了备用钥匙开了门，眼前出现了令爸妈惊讶的一幕，吴蕾跌坐在地上，看见爸妈，满面凄然地说道："妈妈，我不行，我根本做不到……"看着女儿泣不成声，爸爸妈妈才知道自己把孩子逼得太紧了，一个劲地想要孩子早点恢复自信，却从没想过孩子的感受，反倒给孩子的自信心造成更大的伤害。吴蕾现在的状态，看来得要更长的时间才能恢复。爸妈既心疼又后悔。

自信心是孩子抵御挫折和打击的屏障，是孩子未来成功的保障。吴蕾父母显然意识到了它的重要性，及时地采取了应对措施，并收到了一定效果，只是他们太急功近利了，迫不及待地想收获成果，反倒伤害了孩子。

有些家长在教育方面是往往没耐心的。孩子接受教育不仅仅是为了他们自己的未来，同时也背负了家长的希望。家长把自己没完成的梦想，把自己的面子都压在孩子身上，教育变成了一场赌博，就很难做到耐心地教育孩子。

比如，有些家长陪孩子背书时，孩子背个三四遍还可以耐下性子来听，可当一首古诗背了一下午孩子都没记住时，家长们就会没了耐心，指责孩子没有用心或是直接骂孩子笨。孩子或许很用心地在背，只是古诗实在拗口，家长们从来没有注意到在责备孩子的时候，孩子脆弱的自信心已经被挫伤。

自信是一种性格，长于内，不显于外，不能像花花草草一样看得见生长情况，而且孩子自信的培养是一个漫长和反复的过程，需要家长长期耐心的培养。

1. 耐心对待孩子的要求，多听听孩子的想法

研究发现，孩子三岁起就有了被尊重，渴望被平等对待的想法。父母们平时对孩子说的话"小孩子懂什么"、"大人的事，小孩别管"等，这些都在不经意间伤害了孩子的自信心。

有一天，妈妈在洗碗，被儿子神神秘秘地叫到一旁。"妈妈，你看

我的裤子破了。"妈妈本来想开口教训他，可看到儿子脸上的神色，便忍住问起原因，儿子告诉她自己因为给邻居小妹妹找猫而被铁丝钩烂了裤子，说起邻居小妹妹不再哭了，他的眼中还有几分扬扬得意。妈妈十分开心地夸奖了他。妈妈很庆幸没有一开始时就批评他，否则多么伤害孩子的自信啊，或许以后孩子就不会做这些事了。

教育家苏霍姆林斯基说过："善于听孩子们说话是一种了不起的教育艺术。"从现在起，耐心倾听孩子的心声，给孩子建立一份自信吧。

2.家长在行为和言辞中要顾及孩子的想法

成人说话做事往往注意分寸，而对待自己的孩子则随意得多，家长们总以为孩子还小，对孩子说话做事不太注意，某些行为不经意间就伤害了孩子幼小的心灵。

一天，妈妈去幼儿园接孩子回家，刚好碰到一个朋友，就说起了各自的小孩，都是家长之间相互谦虚的话，妈妈说了些"我家的小孩又皮又闹，整天不得消停"，"一点都不自觉，上课爱动，不爱听讲"之类的话。有些是真的，有些纯属敷衍的话。没想到女儿竟然拉下了脸，拒绝了她最爱吃的肯德基，回到家，一本正经地对她说："妈妈，我对你今天的话很失望，我本来今天得了朵小红花的。"妈妈看着女儿严肃的样子竟然第一次没有笑，她不知道自己的话会对女儿造成这么大的影响，也不知道自己的这个做法很有可能打击孩子的自信心。

这只是生活中的一个小片段，家长们或许从来没有想过要打击孩子的自

信，但这种行为却在不经意间伤害了孩子。家长们要细心和耐心地照顾孩子的想法。

3. 让赞赏孩子成为生活中的常事

很早之前，教育家就提出了一种赞美教育法，顾名思义，这种方法就是以赞赏为手段教育孩子。教育学家对比几国孩子，发现美国的孩子普遍都很自信，就算是一些学习不好的孩子依然在举止上透着一股自信。这就与美国的教育方法有关，在美国最常听到父母对孩子说的一句话就是"宝贝你做得真棒"，孩子的每一点进步都是值得鼓励的。这一点很值得中国的家长学习。

一位家长前来感谢一位教育家，给他讲了自己的故事，原来这个家长的孩子顽劣不堪，家长十分头疼。后来，听了教育家的讲座，家长决定试试所谓的赞美教育法。回到家，等了很久，孩子才抱着球一身臭汗回来，本来家长想开口就骂，可一想要赞美孩子，就夸道："这么勤于锻炼身体，做得真棒！"孩子满脸惊愕地看着他。从此，家长每天都夸孩子。渐渐地，家长发现儿子能夸的地方越来越多，儿子其实也没有那么不堪。而孩子为了得到家长的夸奖也做得越来越好。

这是夸奖的力量，也是坚持的力量。夸奖不能没有原则，但孩子们该得到夸奖的时候，家长就不该吝啬。每天多夸夸孩子，让孩子拥有一份自信吧。

4. 允许孩子失败，鼓励孩子大胆尝试

没有人是天生的成功者，所有的成功都经过了无数失败汗水的浸渍。爱

迪生在灯泡发明成功之前，经过了超过五千次的失败；阿里巴巴集团和淘宝网创始人马云考上大学之前经历了三次高考失败。父母们应该支持孩子的每一次尝试，更要鼓励孩子从失败中吸取教训，取得成功。

　　小伟爸爸发现这几天小伟有点垂头丧气，便去探问原因，小伟告诉了爸爸在学校发生的事。原来，上次班里上交美术作业，小伟的作业很差，被同学们翻了出来，同学们嘲笑小伟没有一点绘画天赋。爸爸明白了其中的原因，便鼓励道，小伟不是不会画画，只是缺少练习，并央求小伟再画一幅。小伟半推半就地又画了一幅，爸爸拿出了原先的画一比较，果然要好很多了。小伟于是又画了第三幅，第三幅又比前两幅好。小伟又连续画了很多幅，而且画得越来越好。就这样小伟又重新获得了自信心。

　　小伟通过自己的努力取得了成功，这样收获的自信要比第一次就成功收获的自信还要强。如果家长们在孩子失败时耐心地多加鼓励，鼓励孩子再接再厉，孩子们也能多一点自信。这样长期下来，孩子的一点点自信也会慢慢茁壮成长，总有一天会长成谁也无法摧毁的参天大树。

第三章

做个有责任心的小天使

自己的事情自己做

独生子小峰是家里的"小皇帝"，一向饭来张口、衣来伸手，爸爸妈妈什么事情都不舍得让他做。有一天，小峰一觉醒来，发现上学的时间到了，便心急如焚地喊："妈妈，快喂我吃饭!"

说完，小峰急忙跳下床，走到镜子前一看，自己的衣服还没穿，他又大声喊："妈妈，快来给我穿衣服!"连喊了几声，他也没见妈妈走过来。

他这才想起妈妈昨晚告诉过他今天有事，会早点出去。小峰急得快要哭了。他抓起衣服随便往身上一套就往学校跑。等他跑到学校时，已经上课了。小峰低头走进教室，刚一坐下，同学们"哄"的一阵大笑，原来他穿反衣服了。

小峰赶紧脱掉衣服重穿。就在这时，老师走进了教室。小峰更着急了，越着急越穿不好。小峰尴尬得脸红了。

上述事例中小峰自理能力差与父母的教育不无关系，可以说是父母的溺爱造就了孩子的无能。这个例子并非个例，而是一种普遍存在的社会现象。父母的本意都是为孩子着想，怕孩子受伤，或者出什么问题，因此很多东西替孩子做，这样做看似杜绝了危险的出现，减少了问题的产生，而实际上却夺走了孩子自由成长的权力，造成了孩子的无能，进而会造成孩子责任心的

缺失。

孩子的能力是在动手的过程中形成的，孩子的责任心，也是在自己做事的时候培养的，孩子的自主意识也是在父母放手的情况下才逐渐养成的。所有这些优良品质、能力，都是孩子将来成功的基石，缺一不可。而这些都是在父母充分给孩子自由成长空间的情况下才可以获得的。当然，父母怕孩子有危险、出问题的心情是可以理解的，但只要是在孩子安全的基本前提下，父母就应该给孩子自由的发展空间，由孩子自主地去决定要做的事情，让孩子自己思考、自己动手，父母只提供建议，同时还应该教给孩子管理自己的能力。只有这样，孩子才能更好地成长，才能养成良好的责任心。那么，父母应该怎样去培养孩子的自理自立呢？

1.家长要适当放手

要想培养孩子的自理能力和独立意识，家长首先要做到"适当放手"。出于天性，父母总是对孩子充满疼爱，不舍得孩子吃苦受累，这样很容易发展成事事包办的习惯。但是长此以往，孩子得不到锻炼，谈何自理能力和独立意识？

因此，从孩子的成长角度出发，家长应该放手让孩子做力所能及的事情。孩子的独立性是在实践当中培养起来的。教育家陈鹤琴先生提出了教育的一些原则，他说，凡是儿童自己能做的应该让他自己做，不要代替他，这是一个教育原则。

孩子长到两三岁就有了强烈的"我自己干"的要求，他有这种独立愿望，家长就要因势利导从培养孩子日常生活的初步自理能力开始，培养孩子的独立性。培养这种基本能力、基本习惯对孩子的成长是非常重要的。比如，在家长的帮助下，孩子学会自己吃饭，自己穿脱衣服，穿脱鞋袜，自己如厕，自己收拾玩具，自己擦鼻涕等。如果孩子做不好，家长可以提供帮助，但绝不能全权代劳。

认识玲玲爸爸的人都觉得他是个"怪人"，因为玲玲的事他几乎从不参与，像个"甩手爸爸"。他从来没有喂过玲玲吃饭，也从来没有给玲玲洗过脚、穿过衣服，甚至没有送过玲玲上学。所有这些事情都是玲玲自己去做的。刚开始，周围的人都不理解玲玲爸爸的这些做法，觉得他不是一个称职的爸爸，对这些说法，玲玲爸爸只是付之一笑。随着年龄的增长，玲玲渐渐成长为一个独立、有主见的女孩。在学校里，在家里，她都能把自己的事做好，有时还会帮妈妈做些家务，遇事也从不哭哭啼啼，而是开动脑筋想办法。这些都让玲玲非常出众。大家这才明白，原来玲玲的爸爸是在有意识地培养玲玲，教她独立、自立。

上述事例中玲玲的爸爸就做到了适当放手，孩子不依赖父母，自然会靠自己，自立的能力就这样养成了。

2.让孩子做些力所能及的事

培养孩子自立要从小做起，要从生活小事开始。孩子依赖父母的典型情形便是生活小事上处处依赖父母，哪怕力所能及的事也要父母代劳。而从小事开始培养孩子的自立也可以让孩子慢慢养成良好的习惯，受益一生。在孩子小的时候，可以让他做些力所能及的事，比如吃饭前帮妈妈摆碗筷，买菜时帮妈妈提菜，自己收拾书包等。点点滴滴，日积月累，孩子便会养成自理自立的好习惯，自己的事情便会主动去做。

扬扬的妈妈从很小的时候起便自理自立，学会自己的事自己做。因此，扬扬的妈妈很注重孩子的自理能力培养。扬扬很小的时候，妈妈便开始教她自己的事自己做。比如，扬扬学会走路后妈妈便教她帮自己倒水、择菜、扫地。这些渐渐成为扬扬的习惯。上学后，扬扬每天都自己起床叠被，自己穿衣，从不让妈妈喂饭，书包和文具也是自己收拾，还经常帮妈妈做些家务，在学校里也经常帮助同学。老师和邻居都说扬扬是个聪明懂事的好孩子。

扬扬的妈妈没有给孩子讲什么大道理，也没有给孩子布置多么难的任务，而是从小事入手，让孩子自己慢慢地学习，慢慢地掌握技巧。这些借做小事培养起来的品质会让孩子受用一生。

3.培养过程中要给予孩子鼓励和表扬

在教孩子自理自立的过程中，家长一定要有耐心，并且要适当地鼓励、表扬孩子。任何人做事都是一个从不会到会，从不对到对的过程，更不用说各方面发展还不完善的孩子。在教孩子做事的过程中，一定会遇到一些困难，比如说教了很多遍孩子还是不会或者还是做不好。这个时候家长一定不能着急，更不能苛责孩子或者中途放弃。家长应该静下心来，看看孩子的进步，对此加以表扬，然后鼓励孩子继续学习，直到孩子完全掌握并且熟练。

小雨是个一年级的小学生，可做事总是丢三落四的，不是忘记把作业带到学校就是把水杯落在学校。发现这个问题后，妈妈开始想办法。每晚睡觉前妈妈都会提醒他把东西收拾好，这样做果然有效，小雨没再落过作业。可是如果妈妈不提醒他，他便又开始丢三落四。妈妈很无奈，但并未表现出来。妈妈决定让他自己提醒自己。她让小雨把一些提醒自己的便条贴在房间里，并鼓励他一定可以做到。从那以后，小雨养成了细心的好习惯，再没犯过类似的错误。

当采取的措施对孩子的改变没有起到作用时，小雨的妈妈虽然无奈，但并没有气馁，更没有训斥孩子，而是对孩子加以鼓励。鼓励和表扬是一种非常重要的教育手段，不仅有助于家长与孩子的交流，还能让孩子获得自信和动力，把事情做得更好。

为自己做的事情承担后果

平平是家里的独生女，是全家人眼中的小公主、小宝贝，"捧在手里怕摔了，含在嘴里怕化了"，家人从来不舍得让平平受一点累，吃一点苦。平平刚学会走路时经常摔跤，每次一摔倒，奶奶就跑过来扶起平平，边扶边在地上狠狠跺几脚，说道："这该死的地，害得我家平平摔跤。"

平平上学后特别喜欢看动画片，每天都要看到很晚才睡觉，早上经常起不来，甚至导致上学迟到。每次迟到了，妈妈都会安慰平平："都怪动画片，播到那么晚。"

平平渐渐长大了，家人的过分宠爱使她变得蛮横任性，不讲道理，把同学的文具盒撞到地上摔坏了怪同学没放好，考试成绩不理想怪老师没教好。

升初中的时候，为了和最好的朋友到一个学校上学，平平选了一所离家比较远的中学。上了初中后，平平发现学校离家远这一点给她带来了很多不便，渐渐开始后悔，并责备父母当初没有拦着自己选这个学校。听着孩子的埋怨，平平的父母只得摇头叹气，怪自己没有教会孩子为自己所做的事负责任。

平平的家长对她的宠爱是可以理解的，但由于孩子心智不成熟，无法辨别是非，因此家长的教育对孩子性格的塑造有着直接的影响。上述事例中平平的家长在她犯错时不仅不责怪她，还帮着她推卸责任，久而久之，孩子很有可能对这种推卸责任的行为产生惯性，甚至有意识地去推卸责任，逃避自己的责任。

责任感是孩子需要培养的重要品质之一。如果孩子的责任意识没有得到培养，会带来很多不良后果。首先，如果孩子缺乏责任心，孩子便不知道哪些是自己该做的事，也不会对自己的行为负责任。其次，缺乏责任心的孩子不会有主动学习的意识，自制力也不会很强。最后，责任感的缺失也会影响到孩子的人际关系，在人际交往中，有谁会喜欢一个没有责任心，总是推卸责任的人呢？况且，从长远来看，责任心的缺乏也不利于孩子将来的发展。在社会中、工作中，都需要与人合作，责任感是必需的。

下面是一些可供家长借鉴的，教孩子学会对自己的行为负责的方法。

1.家长以身作则培养孩子的责任感

人们常说，父母是孩子的第一任老师。家长的行为对孩子有着直接的影响。很难想象，遇事便逃避，将责任推给他人的父母教育出来的孩子会勇于承担责任，对自己的行为负责。孩子通过父母来认识社会，认识世界，父母的行为准则将深深地影响孩子。因此，要想培养孩子的责任感，家长首先应该以身作则，勇于承担责任，让孩子知道怎样做才是正确的。

毛毛今年五岁了，是个活泼可爱的小家伙。有一天，妈妈带毛毛去超市，出来时妈妈不小心把一辆放在超市门口的自行车给撞倒了，车把摔坏了。

毛毛说："妈妈，没人看到是我们撞坏的，我们快走吧！"

妈妈严肃地对毛毛说："毛毛，虽然没人看到，但自行车的确是我撞倒的，我是有责任的，我应该向人家道歉、赔偿。我们要勇敢地承担自己的责任，知道吗？我们还是在这儿等车主吧。"毛毛与妈妈一直等到自行车车主出现并向人家道歉、赔偿后才离开。

这件事情给毛毛留下了深刻的印象，让他懂得了为自己的行为负责。有一天，毛毛踢球时不小心把球踢到了邻居家的窗户上，玻璃都碎了。还没等妈妈说什么，毛毛便拿着自己的零花钱去向邻居道歉、赔偿了。看着有责任感的儿子，妈妈欣慰地笑了。

上述事例中毛毛的妈妈以身作则，以亲身实例教给毛毛"要有责任心，要勇于承担责任"的道理。这样的影响潜移默化，使毛毛逐渐成为一个有责任感的孩子。可以想象，如果在撞倒自行车后，妈妈带着毛毛赶快离开，毛毛可能也会学得逃避责任，胆小怕事。所以说，家长是孩子最好的老师。

2.给孩子承担责任的机会

很多时候，孩子没有学会承担责任，与父母的"事无巨细，面面俱到"是有关系的。试想，从小到大，父母包揽孩子的衣食住行，给孩子洗衣服，送孩子上学，教孩子写作业，替孩子收拾书包，出面处理孩子与其他小朋友的矛盾，替孩子道歉，替孩子承担责任……这样大包大揽，怎能让孩子知道什么是自己应该承担的责任？更别提教会孩子为自己的行为负责了。

因此，家长应该适当放手，让孩子自主选择，自己负责，给孩子承担责任的机会，而不是替孩子承担责任。比如，让孩子自己挑选衣服，并为此承担后果；孩子与同学有矛盾时，让孩子自己判断是非，并为自己的过错负责；让孩子自己设闹钟起床，而不是每天由父母叫醒。

　　小文今年五岁，已经上幼儿园了。有一天晚上，小文忘记了设闹钟，第二天一觉醒来发现已经迟到了。小文开始大哭大闹，要妈妈陪自己去找老师，并对老师说是妈妈忘记叫小文起床才导致迟到的。妈妈对小文说："小文，忘记上闹钟是你的责任，你应该承担这个后果，而不是让妈妈替你承担。你自己去向老师承认错误吧。"

　　小文只好自己去找老师，承认自己迟到的错误。虽然因为迟到而受到了老师的批评，但小文却由这件事明白了什么是责任，并学会为自己的行为负责。从此，小文总是尽到自己的责任，做好自己该做的事。

　　小文的妈妈在教育孩子的时候就做到了敢于放手，给孩子承担责任的机会。面对孩子"让妈妈替我承担错误"的想法，她选择了拒绝，而不是"心疼孩子，不舍得让孩子受批评"。只有这样，才能让孩子真正明白责任的含义，不再事事依赖父母。

3. 孩子承担责任时要给予表扬和鼓励

　　在孩子承担了自己的责任，为自己的行为负责时，家长要给予一定的表扬。表扬和赞赏都会让孩子明白，"我这样做是对的"，"以后我还应该这样做"。这些都会成为孩子的动力，以后遇到类似的情况时仍会勇敢地承担自己的责任。

　　成成是个二年级的小学生。这一天轮到他值日。打扫教室时，成成不小心把水洒在了同学的课本上。成成担心同学责怪自己，想要悄悄走开。这时，成成想到了不久前的一件事。

有一天，成成在跟小朋友们玩的时候不小心把鞋子弄脏了，回家后没有让妈妈解决，而是自己把鞋子刷干净了。妈妈知道后表扬了成成，夸他是个有责任心的好孩子。

想到这里，成成觉得自己不应该就这样离开，把水洒在同学的书上是自己的错误，应该向同学道歉，否则就不再是妈妈口中"有责任心的好孩子"了。于是，成成找到同学，承认了自己的错误并且道了歉。同学看到了成成的真诚，爽快地原谅了他。

由上述事例可以看出，正是妈妈的表扬，使得成成明白了怎样做才是正确的。妈妈的表扬成了成成的动力，使他勇于承担自己的责任。

✂ 小事培养孩子的责任感

明明已经是个三年级的小学生了，可总是把自己的事情推给别人。明明出去跟小朋友们踢球，回家把脏鞋一脱，就扔给妈妈："妈妈，你给我刷鞋！"老师布置了手工作业，明明却想着看动画片，便让爸爸替自己做。明明跟妈妈出去逛超市，所有的东西都让妈妈拿着，妈妈让他拿自己的玩具，明明却拒绝了："我是小孩，你是大人，大人就该照顾小孩。"

对此，明明的爸爸妈妈都很无奈。他们也曾经试着让明明明白哪些是明明的责任，并教他做一些力所能及的事。但每次明明都以"大人应该照顾小孩"为由拒绝。父母也就不再坚持。

久而久之，明明变成了一个没有责任感的孩子。有一次轮到明明的小组值日时，他竟然把所有的值日劳动都推给了同学，自己却什么都不干。这种做法不仅惹怒了同学，也让老师非常生气，老师狠狠地批评了明明。

上述事例中的明明作为一个三年级的小学生，却连一些基本的责任感都没有，总是把自己应该做的事推给别人。究其原因，就是父母没有培养起他的责任感，没有教会他为自己的行为负责。这个年龄段的孩子正处于性格塑造的关键期，如果家长总是事事代劳，很容易让孩子对父母产生依赖性，不懂得对自己的行为负责。

责任心是一种重要的品质，对孩子来说，只有具备强烈的责任感，才能自觉勤奋地学习知识和技能，长大后才会更好地融入社会。然而，很多家长并不重视对孩子责任感的培养，导致他们出现与明明一样的情况。还有一些家长虽然知道责任感的重要性，还有也想培养孩子的责任感却感到无从下手。

其实，培养孩子的责任感和培养孩子的其他习惯一样需要从小事入手，这样孩子才更容易接受。

1.让孩子自己收拾玩具、衣服和文具

小事出现在生活中的方方面面，任何一件小事都可以培养孩子的责任感，比如，让孩子自己收拾玩具、衣服和文具。

小雨今年五岁了，是个机灵好动的小家伙。爸爸妈妈给他买了很多

玩具，小雨经常把这些玩具拿出来玩或者给小朋友看。

这天，小雨想玩自己的遥控飞机，便翻箱倒柜找了起来，搞得地上都是玩具。玩了一会儿，他最爱看的动画片要开始了，小雨便放下玩具去看电视了。

过了一会儿，妈妈进来看到地上一片狼藉，便问小雨怎么回事。小雨回答说是因为自己找玩具了，还让妈妈把玩具都收起来。妈妈说："小雨，是你自己要玩玩具，玩完了当然也应该由你自己来收拾。这次妈妈不管了，你还是自己收拾吧。"

小雨只好自己动手。这下他可知道收拾玩具有多麻烦了。从那以后，每次玩完玩具小雨都自己收拾，而且再也不乱放玩具了。

小雨的妈妈通过让小雨自己收拾玩具，教会了他承担责任。我们经常看到这样的场景：孩子把所有玩具都拿出来玩，短短几分钟后便失去兴致，留下一大堆玩具等着妈妈收拾。这时，家长最好让孩子自己收拾，不要轻易插手。

让孩子自己收拾玩具是培养孩子责任心的第一步。孩子喜欢玩玩具，却不考虑到处乱扔玩具带来的后果。让孩子自己收拾玩具，不仅可以让他知道要承担自己的责任，还能帮孩子养成做事有条理的好习惯。

2.通过听故事、看动画片等方式教孩子认识责任

通过听故事、看动画片等方式，孩子可以更直观地认识到哪种做法是对的，哪种做法是错的。

涛涛平时很喜欢看《动物世界》，爸爸经常陪他一起看。这一天，节目里讲到了母熊和小熊。小熊出生几个月后，母熊教它们觅食、逮鱼

和爬树，教它们遇到危险时保护自己。有一天，母熊强迫小熊们爬到树上，然后头也不回地走了，留小熊们独自生活。

看到这里，涛涛忍不住问道："爸爸，母熊为什么这么狠心？"爸爸想了一下，回答："这个熊妈妈认为，它已经尽到了母亲应尽的责任。小熊出生后，熊妈妈已经教给它们所有的生存技能，以后它们就应该独立生活了。"

过了一会儿，爸爸又说道："涛涛，其实人类和动物一样，早晚也得学会自立，靠自己生活。我们应该明白，这是我们自己的责任，不能一直依赖父母。"

听到这些，再想到刚刚看的节目，涛涛明白了自己的责任。从此，他总是自己的事情自己做，有时还帮妈妈做些力所能及的家务。大家都夸他是个懂事的小家伙。

上述事例中明明的爸爸利用动物的故事来告诉明明什么叫责任和自立，这样的方法既不会让孩子感到枯燥，又能让孩子更好地理解责任。

孩子们年龄小，对父母讲的一些大道理并不能很好地理解，对故事却更容易接受。因此，家长可以通过一些孩子喜闻乐见的事物来教他们认识责任。比如，给孩子讲些与责任有关的寓言童话，与孩子一起看一些与责任有关的动画片等。

3.做个"责任表"，让孩子知道自己的责任

从小事入手培养孩子的责任感有很多种小方法，其中，做个"责任表"可以让孩子清楚地知道自己的责任。

乐乐是个活泼可爱的小女孩，不仅成绩优异，而且心灵手巧，懂

事听话。在家里，她总是自己的事情自己做，从不依赖妈妈，做事也从不拖沓，有时还会帮妈妈拖地、择菜、摆碗筷，逛街时也总是帮妈妈提东西。

在学校里，乐乐与同学们相处得也非常好。如果做错了事，乐乐便会勇敢地承认错误，改正错误。不仅如此，她还经常帮同学和老师做些力所能及的事。

邻居们都很佩服乐乐的父母，觉得他们教导有方，经常向他们请教教育方法。原来，在乐乐很小的时候，他的爸爸妈妈就教她要有责任感。妈妈给她做了一份"责任表"，上面列出了乐乐的"责任"，有自己吃饭，自己穿衣，自己盛饭，等等。随着乐乐年龄的增长，表上的"责任"也在增加和改变，而乐乐始终遵从这张表。久而久之，她也就养成了负责任的好习惯。

上述事例中乐乐的父母很重视对她责任感的培养，而且采取了从小事入手的正确方法。孩子的责任感不是一朝一夕就能轻易培养起来的，必须依靠点滴小事的积累。妈妈做的"责任表"对乐乐起到了监督提醒的作用，促使她养成了强烈的责任感。

培养孩子的责任感要从小事入手。家长可以为孩子做个"责任表"，把孩子应该做的事和应该承担的责任一一列出来。"责任表"不仅会起到监督的作用，还会让孩子有"主人翁"意识，感到自己是独立的一分子，从而更好地去承担责任。

4.孩子做错小事，不承担责任时也要给予惩罚

培养孩子的责任感还要注意，孩子做错了事，不承担责任时也要给予惩

罚。这样，孩子就不会存有侥幸、逃避的心理。

超超今年刚三岁，特别喜欢吃热狗。有一天，他向妈妈要了钱去买热狗。回来的路上，超超一不小心摔倒了，热狗也掉在了地上。伤心的超超哭着跑回了家。

问清缘由后，妈妈安慰超超，让他别再哭了。超超还想吃热狗，便向妈妈要钱，希望再去买一份。听了超超的话，妈妈严肃地说："超超，妈妈不能再给你钱。热狗掉了是因为你自己不小心摔倒了弄掉的，这个责任不应该推给妈妈。你自己承担后果，好吗？"

听完妈妈的话，超超才真正理解了责任，也明白了什么叫承担责任。

上述事例中超超的妈妈没有像大多数家长那样，给孩子钱让他再买一份，而是让孩接受了一个小小的惩罚。孩子当时可能会觉得有些委屈，但有助于日后学会对自己的行为负责。

让孩子参与集体生活

亮亮是家里的独生子，爸爸妈妈担心他感到孤单，总是鼓励他去找邻居家的小朋友一起玩。可没多长时间，亮亮就不再找别人玩了。原来与别的小朋友玩游戏时，亮亮总是很霸道，赢了就欺负别的小朋友，输了却不承认。时间长了，大家都不愿意跟他玩了。

久而久之，亮亮成了个没有责任心的孩子。家里的玩具总是被他拆得七零八碎就被扔在一边；爸爸的书被他弄脏了，他便怪妈妈没提醒自己洗手；在街上时乱扔垃圾；妈妈生病时让他端杯水他都不管。

转眼间，亮亮上幼儿园了，不负责任和任性表现得更明显了。亮亮经常抢小朋友的玩具，把人家的东西弄坏了又不承认。而这些都是家人出面道歉解决的，他们觉得不能让别人怪亮亮，不能让亮亮受委屈。亮亮想要参加学校组织的春游，但爸爸妈妈都不同意，他们担心亮亮在外面吃苦。

就这样，亮亮越来越没有责任意识，而同学们也不愿意与这个"小霸王"相处，渐渐都疏远了他。

如今，大多数孩子都和亮亮一样，是家里唯一的孩子。这就使得他们缺少同龄人的陪伴和集体生活的经历。孩子年龄小，认知能力不强，家长的宠爱很容易对他们的成长造成不良影响。

首先，孩子容易缺乏责任感，家长的事事代劳可能让他们不懂得什么是自己的责任；其次，由于不懂得怎样承担责任，不明白怎样对自己的行为负责，孩子遇事可能会推卸责任，这对他们的成长是十分不利的。

教育家陶行知说过，集体生活是儿童之自我向社会化道路发展的重要推动力，为儿童心理正常发展的必需。因此集体生活对孩子的成长是非常有利的。首先，集体生活扩大了孩子的交往空间，有助于提高孩子的交往能力；其次，在老师、朋友的引导下，集体生活可以纠正孩子的很多不良习惯；最后，集体生活还可以培养孩子的责任感，教孩子学会对自己的行为负责。

因此，家长可以通过鼓励孩子参加集体生活来培养孩子的责任感，以下建议可供家长借鉴。

1.鼓励孩子结识附近的小朋友们

如今的孩子大多都是独生子女，让他们去结识附近的小朋友们是孩子参与集体生活的第一步。

婷婷是家里的独生女，家里没有能和她一起玩的小朋友，所以婷婷经常去找邻居家的小女孩小米玩。

这天，婷婷和小米玩捉迷藏。婷婷藏在了草丛后，但很快便被小米找了出来。婷婷输了，但却不愿承认，非说这次不算，要重玩一次。但小米却不愿意，她对婷婷说："你说话不算数，我不跟你玩了。"说完，小米便生气地离开了。

婷婷沮丧地回了家。想了一会儿，婷婷明白是自己做错了，是自己输了却不承认，自己应该对自己的行为负责的。于是，婷婷向小米道了歉，两人重归于好。而婷婷也学会了对自己的行为负责。

通过与朋友的相处，婷婷学会了对自己的行为负责，也学会了如何面对问题，解决问题。与自己家附近的小朋友们一起玩耍是让孩子加入集体的第一步，也是最让家长放心的一种方式。邻居家的小朋友是离孩子最近的同龄人，让孩子与他们多接触，可以让孩子在玩耍、游戏的过程中学会承担责任，互相帮助。

2.让孩子在集体活动中完成任务

孩子的集体活动有很多，让孩子在集体活动中完成任务可以让孩子更好地理解什么是责任。

方方是个二年级的小学生，他参加了学校组织的野外夏令营。野餐之前，大家被分成几个小组去寻找生火需要的柴。

方方和明明一组。两个人一起去寻找。他们所在的地方树很少，柴并不好找。方方走得又累又渴，渐渐想要放弃。每当这时，明明便鼓励他："这是我们的任务，我们应该去完成。"这话让方方意识到自己的责任，他最终坚持了下来，并和明明一起找到了做饭所需的柴，完成了小组任务。

从夏令营回来后，方方变得勇于承担自己的责任了，自己设闹钟，自己去上学，作业自己完成。大家都夸他懂事了。

完成了夏令营中的任务，方方更加理解了"责任"二字，学会了承担责任，成了一个有责任心的好孩子。

很多家长因担心孩子参加学校组织的活动会吃苦，而不让孩子过多参与集体活动。其实，让孩子多参加一些学校组织的集体活动，比如春游、夏令营等，并让孩子在活动中完成一定的任务，对孩子的责任感的培养是很有好处的。在集体活动中，孩子不能再依赖父母，一切靠自己。同时，孩子也能感受到自己是集体的一分子，会去努力做自己该做的事，有助于孩子学会承担责任。

3. 在集体生活中，让孩子为自己的错误承担责任

任何时候，任何人犯了错误都要承担责任，尤其是在集体生活中，一个人犯了错损害的是大家的利益，这时更要勇于承担责任。

小军报名参加了学校的拔河比赛，与班里的另外几名同学一起，代

表班里参赛。

比赛的前一天晚上，小军看动画片看到很晚。第二天，一向靠闹铃叫自己起床的小军睡过头了，醒来发现比赛已经快开始了。他脸也没洗，饭也没吃就向学校跑去，可还是错过了比赛。他们班因为他的缺席而被取消了参赛资格，同学们都很沮丧。

知道这些后，小军觉得对不起老师和同学，却又担心他们责怪自己，于是就让妈妈替自己向老师道歉。妈妈告诉小军，自己要为自己的行为负责，要勇敢地承认错误。

小军鼓起勇气，在班里向同学们和老师道歉，承认了自己的错误。看到他这么真诚，大家都原谅了他。

面对孩子的不合理请求，小军的妈妈没有因为心疼孩子就替他解决问题，而是让他自己承担责任。正是这样，小军才学会了对自己的行为负责。在集体生活中，孩子成为集体的一分子，他的行为将会影响到整个集体。有时，孩子的一个小错误可能会使集体的荣誉受损。这时，家长不能一时心软，出面替孩子解决问题，而应该让孩子自己去承担责任。只有这样，孩子才能学会承担，不再依赖父母。

让孩子担当一定的"重任"

甜甜是个漂亮的小女孩，可她总是将垃圾随手丢弃到座位周围。每当班长或卫生委员让甜甜把垃圾捡起来扔到垃圾桶里时，甜甜都会不屑一顾："不是有值日生打扫吗？再坚持一会儿就好了。"大家对此都很无奈。

在家里，甜甜总是把本该自己做的事推给爸爸妈妈，更别提帮忙做什么家务了。有一次，妈妈看到甜甜的房间有些乱，便让甜甜自己收拾一下。没想到甜甜却无动于衷，转身去看自己喜欢的动画片了。妈妈也没多说什么，自己替甜甜收拾了房间。

时间长了，大家都觉得甜甜是个没有责任感的人，都不愿意跟她做朋友了。甜甜感到非常孤独。

有责任感的人会明白什么是自己该做的事并会自觉完成，而甜甜显然是个没有责任感的孩子，造成这个结果的原因是多方面的。首先，她年龄小，心智不成熟，认知能力不强，如果没有正确的引导，很难自己养成责任感，学会对自己的行为负责。其次，甜甜的父母没有坚持培养她的责任感。当然，他们是有这种意识的，但当甜甜拒绝收拾房间后，妈妈便不再坚持，自己替孩子收拾了。这种代劳只会让孩子养成把责任推给别人的习惯，长此以往，孩子的责任感很难得到培养，他就不会对自己的行为负责，甚至会学会逃避、推卸责任，这对孩子的学习和成长是十分不利的。

培养孩子的责任感是十分重要的。只有具备一定的责任感，孩子才能自觉、勤奋地学习。只有从小就培养孩子的责任感，长大后他们才能适应社会，照顾家庭，完成本职工作，成为优秀人才。

培养孩子的责任感，不妨给孩子"加加压"。平时给孩子布置一些任务，让孩子担当一些"重任"。在"重任"的压力下，孩子自然会有一种责任感和使命感，会去努力做好自己应该做的事，逐渐成长为一个有责任心的人。同时，担当"重任"也会锻炼孩子的能力，有利于孩子的成长，以下方法供家长借鉴。

1.让孩子做家里的"小管家"

在日常生活中，家长可以采取让孩子做家里的"小管家"的方法来培养孩子的责任感。

涛涛今年八岁，已经上一年级了，但该自己做的事他几乎从来不管，书包得妈妈帮着收拾，作业得爸爸帮着写，就连他的房间也是妈妈收拾的。

听了一个有关教育孩子的讲座后，爸爸妈妈决定着手培养涛涛的责任感。他们想到一个小办法：让涛涛做三天的"小管家"，这段时间内由涛涛负责家庭支出、劳动安排和人员管理。听到这个新奇的提议，涛涛高兴地答应了。

没想到事情并不像涛涛想得那么简单，家庭琐事虽小却很繁杂，需要每个人尽到自己的职责才能有条不紊。几天的"小管家"经历让他明白了责任感的重要性。从那以后，涛涛再也不将自己的事推给别人，做事也不再拖沓。大家都说他成了一个责任心很强的孩子。

为了培养涛涛的责任感，爸爸妈妈选择给涛涛一定的"权力"，让他当个小管家来管理家庭事务。在这个过程中，涛涛亲身经历了家庭琐事的繁杂，知道了尽责的重要性，从而学会了尽到自己的责任，不再推卸责任。

放手让孩子当个"小管家"，不仅能让孩子在此过程中学会合理支配金钱和时间，提高办事能力，懂得体谅父母，还能让孩子知道，只有当所有人都尽到自己的责任，完成自己的任务时，事情才能继续进行，从而让他们养成责任感，能做好自己的事。

2.鼓励孩子当班干部或组织活动

在学校生活中，家长可以鼓励孩子当班干部或组织活动。通过这种方法，也可以很好地培养孩子的责任感。

姐姐是个聪明可爱的小女孩，还是他们班的班长。认识姐姐的人都夸她懂事，尽责，经常向她的爸爸妈妈请教教育方法。

原来，姐姐以前并不像现在这样懂事，还经常把自己的事情推给爸爸妈妈，自己却什么都不做。后来，班里竞选班长时，爸爸鼓励姐姐参加了，而且姐姐也当选了。

姐姐成为班长后，认为这是老师和同学对自己的信任，自己一定要努力，不能辜负他们。姐姐从此严格要求自己，自己的事情自己做，从不依赖别人；努力学习，起到了带头作用；关心同学，积极替他们解决问题。就这样，姐姐成为一个有责任感，关心他人的好孩子。

当班干部或是让孩子组织一些活动，对孩子来说不仅是一种荣誉和信任，也是一种责任。当被赋予这样的责任后，孩子自然会产生一种责任感，想要起到模范作用，从而严格要求自己。在这个过程中，就像上述事例中的姐姐一样，孩子们会积极努力地做事，养成负责任、关心他人的好习惯，这对孩子的成长是很有利的。

3.给孩子"重任"后要正确引导孩子

给孩子施加一定的"重任"后，家长的正确引导是不可少的。

小杰今年九岁，是班里的班长。然而，大家对这个班长却相当不满。

原来，自从小杰当了班长后，便觉得自己是班里的"老大"，有权力管别人了。当他发现有同学不遵守纪律时，便去狠狠地训斥同学，如果同学不听他的话，他就和人家争吵甚至打架。小杰还经常不写作业，来到学校后抄同学的作业，如果同学不借，小杰便利用班长的职位威胁同学。当轮到自己的小组值日时，小杰总是什么都不做便回家了，因为他觉得自己是班长，别人都得听他的。

久而久之，同学们对这位横行霸道的班长感到不满和气愤，老师对小杰也很失望，便重新组织竞选班长。这一次，小杰没能当选。

上述事例中的小杰虽然被委以"重任"，却没有应有的责任感，反而认为班长就是有权力管别人，甚至利用权力欺负同学，结果使大家不满，自己也失去了当班长的机会。

孩子由于年龄小，不能正确地认识事物，被给予一定的重任后，如果不加以正确的引导，很有可能错误地看待自己的职务，认为自己有管别人的权力，却意识不到自己的责任，甚至因此与别人起冲突，影响学习、生活。如果发生这样的情况，重任不仅没能培养起孩子的责任感，反而带来不良影响，不利于孩子的成长。因此，在对孩子委以重任后，家长一定要正确引导孩子，教孩子正确认识自己的责任。只有这样，孩子的责任感和办事能力才能被培养起来。

教孩子做事有始有终

小强今年九岁，是个二年级的小学生了，可做事总是有始无终，常常是事情做到一半的时候便没了兴趣或是嫌累便把事情扔下不管，去做其他的事了。

这一天，轮到小强所在的小组值日，组长让小强拖地。小强在家很少做家务，拖了不一会儿便觉得很累，又想起自己最喜欢看的动画片快要开始了，便把拖布放下就回家了。

回到家后，动画片还没有开始，爸爸催促小强做作业。小强只好先写作业。作业还没写到一半，动画片开始了，小强便扔下作业去看电视。动画片结束时已经很晚了，妈妈不忍心让小强熬夜，便替他把作业写完了。

第二天去了学校，由于前一天值日马虎，又没把地拖完，小强受到了老师严厉的批评。再加上昨晚看动画片看到很晚，一整天的课小强都没听进去。

小强是一个典型的做事有头无尾的孩子，这种现象的产生主要有两方面的原因。一方面，孩子年龄小，好奇心强，自制力差，遇到一点困难或是受到其他诱惑时很容易放弃自己目前在做的事。另一方面，家长对孩子的引导是很重要的。事例中小强的妈妈不忍心看小强熬夜，便替他写完了作业。这种代劳虽解决了一时的问题，但会让孩子对别人产生依赖心理，觉得自己不做完没关系，反正有人会替自己做完。长此以往，孩子的责任意识会越来越淡薄，做事也不再有耐性。

做事有始有终是一种重要的素质，与孩子的坚持不懈、耐性、自制力和责任心密切相关。孩子做事总是有头无尾，不能坚持是责任心不强的表现。长期如此，孩子的耐性和意志力将会很差，在学习和生活中可能都会虎头蛇尾，不利于他们的成长和发展，对他们将来融入社会也会造成障碍。因此，培养孩子做事有始有终的好习惯是至关重要的，以下是一些可供借鉴的方法。

1.授之以渔，教给孩子做事方法

教给孩子做事方法可以帮孩子减少做事过程中的障碍或困难，让他们更容易坚持下去。

欢欢已经上一年级了，是个聪明可爱的孩子。这天，学校里的科学老师给大家布置了一项特殊的作业：让同学们观察布谷鸟，并就此写一篇观察日记。

这项作业可难不倒欢欢，因为他爸爸是个业余动物学家，经常到野外观察各种动物。欢欢准备让爸爸替自己写这篇观察日记。可是，听完欢欢的话后，爸爸却拒绝了。他对欢欢说："欢欢，虽然爸爸的确了解布谷鸟，也会写观察日记，但我不能替你写这篇日记。因为这是你的作业，是你的事情和责任，你自己来完成，好吗？"欢欢只得同意。

星期天，爸爸带着欢欢来到了郊外，让欢欢自己观察布谷鸟。欢欢观察得很仔细，很顺利地完成了观察日记，还得到了老师的表扬。从

那以后，欢欢有了强烈的责任感，自己的事情坚持自己做，不再推给别人。大家都说他是个勇于承担的好孩子。

面对欢欢的不合理请求，他的爸爸没有选择简单地替他完成作业，而是带他到野外去观察，让他自己完成作业。这样做不仅培养起了欢欢的责任意识，教会了他如何解决问题，还让他学会了不轻易放弃。

当孩子遇到问题时，很多家长为了减少麻烦，不让孩子受累，便出面替孩子完成任务，而不是教孩子如何解决问题。这样做也许使得孩子暂时轻松了，却不利于他们责任感的培养。渐渐地，孩子会对家长产生依赖心理，遇到挫折时不再坚持，做事也马马虎虎。久而久之，孩子就会变得没有责任感，不会对自己的行为负责。所以，当孩子遇到困难时，家长一定不能代劳，而要正确引导孩子，教孩子学会解决问题的方法，让孩子自己去完成任务，从而培养孩子做事有始有终的好习惯。

2.在孩子遇到困难时及时给予鼓励

孩子遇到困难容易气馁、退缩，需要家长及时鼓励才能坚持下去。

丽丽今年十岁了，最近正在学骑自行车。可是由于年龄小，平衡感不好，丽丽老是摔倒，学了很长时间都没学会。丽丽的妈妈又无奈又着急，看到孩子摔倒又心疼，却还是忍不住训斥丽丽几句。丽丽却因此越来越没信心，甚至想放弃不学了。

这天，当丽丽再次摔倒时，妈妈决定不再批评她，而是鼓励她。妈妈对丽丽说："丽丽，摔倒了没关系的，刚学的时候都是这样的。慢慢来，你的平衡感会越来越好的，很快就会学会的。"

听完妈妈的话，丽丽好像吃了一颗定心丸，她下决心要学会骑车。没多久，丽丽就掌握了技巧，学会了骑自行车。从这件事以及妈妈的鼓励里，丽丽还学会了不轻言放弃，责任感更强了。

当丽丽遇到困难时，妈妈心里虽然着急，但最终还是选择了鼓励她，这给丽丽带来了勇气，让她坚持了下去，责任感增强，没有半途而废。

遇到困难，事情总做不好时，孩子通常会没有自信，甚至想要放弃，这时家长难免会有些焦急。然而，这时一定要控制情绪，以最有效，最正确的方式帮助孩子：表扬孩子做得好的地方，教孩子如何改善不足之处，鼓励孩子坚持下去。孩子得到鼓励，便拥有了坚持到底的勇气和自信，就更有可能把事情做好。同时，孩子的责任感也得到了培养。

3. 从孩子感兴趣的事入手并经常变换任务

培养孩子做事有始有终，家长要学会从孩子感兴趣的事入手，并经常变换任务，这样容易引起孩子的兴趣，有利于他坚持下去。

多多虽然才五岁，却已经会做很多事了，自己穿衣吃饭，自己叠衣服、开关电视，有时还帮妈妈扔垃圾。邻居们都很喜欢他，经常向他的父母请教教育方法。

其实，多多爸妈的教育方法很简单，就是"随着孩子的兴趣走"。多多的爸爸很重视对多多责任感的培养。多多三岁时，爸爸发现多多很喜欢搭积木，可玩完后却不管了，而是等着妈妈来收拾。于是，爸爸就从积木入手，培养多多的责任感和动手能力。他先是陪多多搭积木，搭完后便要求多多和自己一块收拾。渐渐地，不用爸爸说，多多玩完积木马上就会自己收拾好，不再留给妈妈。

后来，无论多多喜欢做什么，爸爸都会教他有始有终，自己玩，自己收拾。久而久之，多多责任感增强，该自己做的事不用爸妈说就会主动去做，从不依赖父母，也从不半途而废。

多多的爸爸没有给他讲什么大道理，而是从他的兴趣爱好入手，逐步培养起了他的责任感，教会了他做事有始有终。

孩子好奇心重，从他们喜欢做的事入手来培养他们负责任、做事不半途而废的好习惯是比较容易被他们接受的。此外，家长也要注意，不要给孩子过难的任务，应从比较容易的事开始，逐步培养孩子的责任感。同时，由于孩子兴趣广泛，家长也可以根据孩子的兴趣来变换任务，让孩子更易接受。

第四章

乐观的孩子更受欢迎

孩子的幽默感是教出来的

然然今年10岁了，性格比较内向，不爱说话，但是她的成绩很好，同学们不会的题都愿意让她帮忙辅导，所以她在班级的人缘比较好。

有一次在上课的时候，老师叫然然站起来给大家朗读老师写在黑板上的板书，但是然然起来后居然看不清楚黑板上的字，老师怀疑然然眼睛近视了，就告诉然然的家长带然然去检查视力，检查后发现然然的确是近视了。

医生建议然然戴眼镜，然然刚开始不愿意戴，嫌自己戴眼镜不好看。经过家长的耐心开导，然然终于鼓足勇气戴眼镜了。

可是然然只戴了一天的眼镜，第二天说什么也不戴了，家长很疑惑，就问然然为什么不戴。然然说同学笑话她戴眼镜的样子很难看，所以她不愿意戴眼镜了。

其实事情是这样的，然然戴眼镜去上学，同学们都觉得然然戴眼镜的样子很搞笑，因为大家总问然然自己不会的题，所以跟然然的关系都不错，就对然然开玩笑说："你戴眼镜的样子真好玩，像加菲猫一样。"

同学们这样说然然，只是开玩笑，没想到然然没有这样的幽默感，不认为同学们是在开玩笑，而是认为同学们在挖苦她，让她觉得自己戴眼镜很难看。

然然的家长知道这件事情以后，很为然然着急，应该如何培养她的幽默感，让然然的家长很烦恼。

孩子缺少幽默感就不懂得该怎么和别人开玩笑，然然就是这样的典型代表，她戴了眼镜去上学，同学们因为喜欢然然，所以才和然然开玩笑，说然然戴眼镜的样子很好玩，像加菲猫一样。可是然然并没有幽默感，认为同学们在笑话自己。

幽默感并不是一个孩子与生俱来的，而是需要后天培养的。没有幽默感的孩子会很在意他人对自己的看法，会因为他人不经意间的一个小举动而沮丧，产生消极的心理，这样的孩子会在童年里留下不好的回忆。

在处理人际关系时，有幽默感的孩子会比没有幽默感的孩子更容易让人接受，获得更多的友谊，而且幽默感可以帮助孩子乐观地看待人生，用积极的方法处理事情，能帮助孩子健康成长。

家长在教育孩子乐观的同时，要先学会培养孩子的幽默感，那样才能让孩子的生活更阳光。下面有几个培养孩子幽默感的方法供家长参考。

1.给孩子营造开心愉悦的氛围

让孩子生活在开心愉悦的氛围中，家长才会更容易培养孩子的幽默感，所以家长要想办法帮助孩子营造这样的氛围，让孩子从中学会幽默，养成乐观的性格。

淘淘是家里的小"捣蛋鬼"，经常惹家长不高兴。有一天，淘淘把妈妈的化妆品抹得满脸都是，妈妈看到了很生气，但是并没有责怪淘淘，而是对淘淘说："哎哟，这是谁家的小花脸猫出来了？"

妈妈说完，淘淘就嘿嘿地笑了："妈妈，我不是花脸猫，我是淘淘。"

"哦？你是淘淘啊，妈妈都没认出来，下次不准再把自己弄得跟花脸猫一样了，而且淘淘应该听话，不能乱动妈妈的东西，不然妈妈会不高兴的，好不好？"

淘淘愉快地答应了妈妈的话，并且很乐观地看待自己的错误，及时改正了。

淘淘在抹化妆品的时候是因为他对化妆品很好奇，并没有意识到自己的错误，也不觉得自己有多搞笑，但是妈妈故意对他说这是谁家的花脸猫的时候，他觉得妈妈没有认出来他，认为他是花脸猫，所以他才觉得好笑，妈妈的这种做法，就是给孩子营造开心愉悦的氛围。

这样的做法不仅能让孩子培养幽默感，还能让孩子知道自己的行为是错误的并积极改正，这样的方法要比责骂更容易让孩子接受。比如说，家长可以给孩子多讲一些有趣的故事，当讲到很幽默的地方时家长可以和孩子一起笑，或者故意逗孩子笑，让孩子了解幽默的事情是什么样的。家长在和孩子玩耍的时候，还可以故意扮鬼脸、出洋相逗孩子笑。

孩子在生活中的笑容多了，就会对培养幽默感有很大的帮助，他的生活才会更阳光、更乐观。

2.让孩子学会开玩笑和被开玩笑

善于开玩笑的人通常都很有幽默感并且很乐观。如果孩子没有幽默感，就不能融洽地和朋友相处，当别人对他开玩笑时，他不能用乐观的方式对待，会导致他误解别人的用意，不利于孩子的人际交往。

前面例子中的然然就是没有幽默感的孩子，她不会和别人开玩笑，当别人和她开玩笑时，她也不能用乐观的方式对待，这才导致她误以为同学们在嘲笑她。

家长要让孩子学会开玩笑，以然然为例，家长要告诉孩子："然然，同学们说你好玩，是因为他们喜欢你，不是挖苦你，你要用乐观的态度对待玩笑，他们和你开玩笑，你就可以用玩笑的方式回答他们，对他们说'我这叫可爱，你是不是也想戴眼镜啊？'这样回答同学，你的尴尬就化解了。"

善于开玩笑可以帮助孩子处理一些尴尬的事情，能帮助孩子更好地与人交往，让孩子能乐观地成长，更积极地面对生活。

不为无法挽回的事情烦恼

琳琳今年六岁了，妈妈担心琳琳总是自己玩耍没有意思，就给琳琳买了一只宠物狗，从此以后琳琳每天都过得很开心。

有了小狗之后，琳琳就像一个小妈妈一样，每天按时给小狗喂食，给它洗澡，还给它起了个很好听的名字，妈妈看到琳琳每天跟小狗玩耍时开心的样子，也很欣慰。

有一天，妈妈带着琳琳和小宠物狗去街上逛街，妈妈答应给琳琳买好吃的东西，琳琳一时高兴就把小狗给忘了，当她买完东西的时候突然发现小狗已经不见了，妈妈和琳琳找了好久都没能找到小狗。

回到家以后，琳琳就像变了个人一样，每天都闷闷不乐的，总是为了自己没有照看好小狗而懊悔。妈妈担心琳琳这样心疼会影响她的成长，就又给琳琳买了只小狗，希望琳琳能再次活泼起来。

虽然新买的小狗也很可爱，但是琳琳怎么也无法像以前那样的开心了。琳琳这样的状况持续了好久都没有好转的迹象，妈妈虽然知道琳琳是因为之前的那个宠物狗才伤心的，可是她又不知道该怎么才能让孩子释怀。

孩子在生活中会遇到很多的烦心事，怎么才能让孩子学会释怀就成了家长的大难题。就像例子中的琳琳，妈妈为了让她的生活能更加开心就给她买了一只宠物狗，但是因为琳琳照看不周把小狗给丢了，所以她又懊悔又伤心。

丢失宠物狗的事情虽然让人伤心，但是那已经是无法挽回的事情了，家长应该教会孩子如何放开这件事，让孩子知道在生活中不能因为无法挽回的事情而烦恼，而是要勇敢地面对现实，学会处理类似的事情。

生活中让孩子烦恼的事情有很多，比如说，孩子在玩耍中打碎了一个杯子，洒了一些饮料等小事，还有像亲戚离世这样的大事，这些都是无法挽回的事情，孩子如果总是因为这些事情而烦恼，总是因为自己做错事情而后悔，就无法乐观看待人生。

家长在教育孩子乐观时，要让孩子学会释怀，不为无法挽回的事情烦恼，下面有几个方法供家长参考。

1.让孩子学会勇敢面对现实

当孩子遇到伤心或者很烦恼的事情时，家长要及时教育孩子勇敢面对现实，只有勇于面对，把事情解决了才不再为这些烦心事而烦恼。

就像琳琳的例子，小狗丢失的事情已经是事实了，无法挽回或者挽回的希望很渺茫，在这个时候，如果她不会放开这件事，就会生活在这件事情的阴影中，不利于她的成长。

因此，家长要引导孩子学会勇敢地走出阴影，应该对孩子说："琳琳，妈妈知道你因为狗狗丢失了的事情很伤心，妈妈的心里也难受，也不希望这样的事情发生，但是它已经发生了，琳琳要做坚强的孩子，勇敢地面对这件事，让狗狗成为你童年美好的回忆，如果你不能开心地生活，妈妈也会跟着你伤心的，所以你要坚强。"

虽然孩子不能因为家长的话马上从伤心中走出来，但是通过这些话能够知道伤心难过也是无济于事的，要学会坚强勇敢地面对事情的后果，等到他再遇到类似事情的时候，就能够勇敢面对了。

2.让孩子学会知错能改

每个人都会在生活中犯一些小错误，孩子也不例外，但是当孩子犯错误时，他们总是不能很快地释怀，这样就会对他们的心理产生一些影响，导致他们变得不乐观，所以家长要让孩子知道知错能改，乐观地看待人生。

岁岁的爸爸在出差的时候给他带回来一个非常精致的工艺品，岁岁非常喜欢，总是忍不住拿出来摆弄一下。在一次玩耍中，他不小心把工艺品掉到地上摔坏了，岁岁很伤心，每次想起这件事情都很自责又很懊悔。

岁岁之所以懊悔，是因为他认为摔坏工艺品是他的过错，家长在这个时候就应该正确地引导他，否则他就会出现不乐观的心理状态，如果孩子养成这种消极的性格，就会在以后遇到失误时，总是很消极地对待从而影响他的成长。

在这时，家长就要这样对孩子说："岁岁，妈妈知道你摔坏了工艺品心里很内疚，很懊悔，但是懊悔是无济于事的，如果你不想同样的事情再次发生就要以此为戒，下次避免再犯同样的错误，所以你现在要乐观地看待这件事，努力改正错误，好不好？"

家长用这样的方式教育孩子，能帮助他们用乐观的态度看待自己的错误，并且努力改正，从而更加积极乐观地看待生活。

3.用快乐缓解孩子的烦恼

当孩子遇到烦心事的时候，家长应帮助孩子尽早摆脱烦恼，要多给孩子带来欢乐，让孩子在快乐中忘记忧愁。

小张今年9岁了，成绩一直很好，但是在一次考试中，他的成绩很不理想，导致小张闷闷不乐，失去了以前的活力。

小张的妈妈看到小张的样子非常心疼，就带着小张去欢乐谷玩了一上午，又带小张吃了好多他爱吃的东西，小张由于玩得高兴，终于不再那么闷闷不乐了。

妈妈看到小张的情况有所好转，就对小张说："这次考试已经过去了，你虽然没有取得理想的成绩，但是你已经努力了，如果你想在下次的考试中考好，那么你就要尽快地从烦恼中走出来，用乐观的态度看待这次考试，为下次考试而努力。"

通过妈妈的教导，小张再也不为了这些无法挽回的事情烦恼了，而是用积极乐观的态度努力做好自己。

孩子在烦恼的时候会消极对待其他事情，家长应让他在寻找快乐中懂

得：不能为无法挽回的事情烦恼，用乐观的态度看待人生才能让生活更加美好。

让孩子学会积极地看待问题

小虎今年10岁了，每次考试都能取得很好的成绩，老师和同学们都很喜欢他。

有一次，学校组织了一场手抄报大赛，所有学生都有机会报名参加。小虎对手抄报不感兴趣，但是家长对他的期望很高，想要让他锻炼一下这方面的能力，所以就找小虎谈话，想让他报名参加，小虎听了家长的话以后，由于一时的兴起就报了名。

手抄报大赛没有几天就要比赛了，很多报了名的小朋友都在如火如荼地练习着，可是小虎却一筹莫展地在班级里发呆。因为没有接触过这方面的比赛，所以他不知道该怎么做手抄报，导致他的心里很烦躁，每天都忧心忡忡的，上课听讲的状态也差了很多。

小虎为了准备这次的手抄报比赛，压力很大，因为在做手抄报时，他总是没有头绪，导致他出现了消极的心理，认为自己的能力太差了，什么事情都干不好，他在生活上也失去了活力。

家长看到小虎的表现后很为他着急，经过询问，知道了小虎的心态，家长认为是自己给小虎的压力太大了，所以就对他说，可以放弃这场比赛。

小虎听说可以放弃比赛，终于长舒了一口气。

人生不可能是一帆风顺的，在不同阶段都会有不同的困难。孩子的成长也是一样的，如果孩子在遇到困难的时候，不能积极乐观地解决问题，而是用消极的方式对待困难，就会导致孩子不懂得坚持，不懂得努力，总是轻易地说放弃，影响以后的成长。

以小虎为例，他的成绩虽然很好，但是他的想象能力有待提高。手抄报大赛就是为了提高孩子的想象力和动手能力的比赛，如果小虎能够积极地看待这场比赛，就能让他这方面的能力有所提高，但是小虎选择了消极地看待这场比赛，导致他每天因为压力大而忧心忡忡的，生活失去了活力。

事情总是有两面性的，遇到的困难也是一样，如果孩子在看待困难的时候不能积极地面对，就会产生消极的心理。孩子不能正视自己的能力，总是想着用逃避放弃的方式处理问题，就不会懂得争取，也不会懂得努力，等到他长大以后，就顶不住压力，做不好工作。

在孩子遇到困难时，家长要及时地给予孩子鼓励与教育，帮助孩子学会用积极的一面看待遇到的问题，下面有几个方法供家长们参考。

1.让孩子懂得把困难当作考验

孩子在生活中遇到的困难都可以当作他成长的考验，所以家长要让孩子懂得，有压力才有动力，只有经得住考验才能提高自己的能力。

在小虎的例子中，家长为了让小虎提高能力就在手抄报大赛上给小虎报了名，但是小虎没把这次比赛看作提高自己能力的机会。他认为自己没有能力完成手抄报，选择了消极地看待比赛。他不仅没有努力解决困难，而且还压力很大，每天都愁眉不展的。

所以，家长在教育小虎时，应该这样对小虎说："你现在面对的困难是一次对你的考验，你只有经受住考验才能成长，才能更有能力克服更多的困难。你不能消极地逃避这次困难，妈妈相信你是一个勇于争取、懂得努力的好孩子。你学习能学好，做手抄报也不能比别人差，所以你要积极面对困难，妈妈相信你一定能成功的。"

家长这样的鼓励可以帮助孩子正视自己的能力，把困难当作考验，让孩子学会通过自己的努力克服困难，从积极的一面看待困难。

2.让孩子学会减压

孩子在面对困难的时候会遇到很大的压力，如果孩子处理不好压力，就不能乐观地看待困难，会影响孩子克服困难的能力。

小李今年10岁了，学习成绩不好，平时也不用功。马上就要期末考试了，小李开始着急了，开始努力学习，但是怎么也不见起色。

小李的妈妈看到小李的压力这么大，就主动对他说："学习要劳逸结合，压力可以化作动力，但是压力太大就会影响你努力的效果。其实你现在学习也不是坏事，可以帮助你提高突击学习的能力，但是这样学习太累，这样的方法也不适合你，以后在平时的时候就要努力学习，知道了吗？"

妈妈害怕小李因为压力太大，复习得不扎实，就带小李出去吃东西，玩了玩，帮助他缓解压力。

由于小李的压力得到了缓解，所以他复习时很有效率，考试的时候成绩有了明显进步。小李知道突击学习的方式压力太大，所以他决定以后在平时也要好好学习，自己帮助自己缓解压力。

小李妈妈这样的教育方法就是科学的，首先让孩子知道不能给自己太大的压力，然后帮助孩子减压，用这样的方式教育孩子就可以让他知道当自己遇到困难，压力太大时，需要缓解压力之后，再积极地克服困难。

3.让孩子学会勇于接受挑战

面对同样的困难，有些孩子就很消极，不知道怎么解决，还有些会把困难当作挑战，勇敢地面对困难，克服困难，从中获得自己成功的喜悦。

小张是个积极向上的孩子，总是喜欢做有挑战的事情。有一次，学校举办放风筝大赛，很多孩子都让家长给自己买很漂亮的风筝，但是小张觉得买来的风筝玩得没有意思，所以就决定让家长帮忙，自己做个风筝。

小张的想法得到了家长大力的支持，虽然做风筝的过程很艰难，但是小张不怕困难，勇于挑战，终于做好了自己人生中的第一个风筝，还在放风筝比赛中获得了最佳创意奖的好成绩。

有了这次经验以后，小张更愿意挑战了，自己制作了很多模型玩具，为他以后的成长奠定了丰富的经验基础。

例子中的小张就是一个勇于挑战的孩子，他不把做风筝当作困难，而是当作挑战，当他成功以后，会获得比其他小朋友更丰富的经验。所以家长要让孩子懂得挑战，勇于挑战困难，才能积极面对困难、克服困难，才能让孩子更好地发展自己。

父母乐观，孩子才不悲观

小平今年9岁了，爸爸妈妈都是生意人，每天都在外面奔波，没有时间照顾小平。但是小平很懂事，很会为家长分忧，从来不给他们惹麻烦，是个积极向上的好孩子。

因为家长陪小平的时间较少，所以小平很珍惜爸爸妈妈在家里的时间，每次感觉他们累了，就主动过来给他们捶背，帮助他们缓解疲劳。

有一次，爸爸在生意上亏本了，受了很大的打击，就整天闲在家里郁闷不堪。小平看到爸爸每天都唉声叹气的，心里很不好受，但是他又不知道该怎么安慰爸爸。

小平受到爸爸的影响也开始变得悲观了，每天在学校里也不能专心学习，总是担心爸爸的状态，希望他能快点好起来。每次想到自己帮不到爸爸，他都很烦心，认为自己很没用，对待生活的态度也消极了许多。

得知小平爸爸的生意失败后，妈妈也从外地赶了回来。可是回到家里，看到这父子俩每天都没精打采的，她就感觉很奇怪，小平的爸爸有心事是因为生活上有压力，但是小平也没精打采又是因为什么呢？

没过多久，爸爸的生意又有了起色，他也不再像以前那么忧愁了，小平也因为爸爸的好转而稍微开朗了一点。

小平并不知道，他这些日子的心理变化都被妈妈看在眼里。妈妈认为孩子长大了，懂事了，知道为家里的事情担心了，是件好事，可是她并没有弄清楚，父母乐观，孩子才能不悲观。

孩子在成长中会模仿家长的行为习惯，如果家长的生活态度比较消极，就会对孩子产生直接的影响，导致孩子面对生活的态度也消极，所以家长在教育孩子的时候，首先要让自己乐观，这样孩子才会不悲观。

例子中的小平就是一个很懂事的孩子，他知道为家长着想，有为家长分忧的心。但是小平的爸爸并没有意识到这一点，依然在孩子面前表现得很消极，所以才把消极的情绪带给了孩子，影响了孩子的心态。

孩子在生活中产生悲观心理会导致他对生活失去热情，做事不积极主动，在面对困难的时候也总是消极对待。如果孩子总是以这样的心态对待生活，就不能用正确的眼光看待自己以及他人，就会出现自卑的心理，对孩子的成长有百害而无一利。

家长要想帮助孩子养成乐观的心态，就不能把自己的烦恼带给孩子，要让孩子对未来充满向往，对生活充满激情才能帮助孩子健康成长。下面有几个方法供家长参考。

1.不要把生活中的烦恼带给孩子

家长在生活中会有很多的压力，这些压力对于大人们来说可能不算什么，但是这些压力会严重影响孩子的心理健康，所以家长要想让孩子乐观地成长，就不能把自己的压力带给孩子。

以例子中小平的爸爸为例，他在做生意时失败了，在生活上出现了很大的压力，但是他不知道自己的压力会影响到孩子，所以每天都在家里唉声叹气的，消极对待这次挫折，这就导致小平也受爸爸的感染，生活变得不

乐观。

小平是个懂事的孩子，知道为家里分忧，小平的妈妈虽然观察到了这一点，但是她只是认为孩子长大了，知道为家里的事情担心了，并没有想解决的方法，这样的做法也是不对的。

家长无论生活上有多大的烦恼，只要涉及不到孩子就不要让孩子知道，要让孩子无忧无虑地享受他美好的童年，这样才有助于他养成乐观的性格，对他以后的成长会有更多的帮助。

2.家长要用乐观的方式帮助孩子克服困难

孩子在生活中会遇到很多困难，如果家长在处理问题的时候很消极，就会直接影响孩子，让孩子变得不乐观，所以家长要用乐观的方式开导孩子，让孩子学会用乐观的方式处理问题。

小凯是一个很有运动天赋的小孩，每次在运动会上都能取得很好的名次。但是有一次在参加一百米比赛的时候，他没有拿到名次，导致他出现了消极的心理。

妈妈知道小凯的想法后，就安慰小凯说："生活充满着挑战，比赛就是为你提供一个挑战自我、挑战他人的舞台。如果你每次都跑第一，那么你的比赛还有什么意义呢？这次你没有取得名次，你就要努力练习，争取下次超过他们，享受超越他人的喜悦，那样你才是成功的。"

家长通过这样的引导就可以让孩子更深刻地懂得比赛的真正含义，让孩子学会积极地面对挫折，用自己的努力、拼搏获取更大的成功。孩子这样的成长才是积极向上的，更有助于养成乐观的性格。

3.让孩子知道家长在难题面前会找方法

孩子在成长的过程中，很容易受外界的影响而改变性格，所以家长要以身作则，多让孩子知道一些乐观的、积极向上的事情，尤其是家长们用乐观的态度解决问题的事例，这样可以更好地帮助孩子懂得乐观，从而学会积极地面对人生。

小康的妈妈是一个很会教育孩子的家长，每次在孩子遇到烦恼的时候，都能用很乐观的方式帮助孩子解决，是孩子的好老师。

不仅如此，她还经常给孩子讲一些自己解决烦恼的事例。有一次，小康的妈妈在工作上遇到了压力，但是她积极地解决了，等到回到家里以后就对小康说："小康，你知不知道妈妈今天特别棒。"

小康连忙问："妈妈怎么棒了，小康也要很棒。"

妈妈愉快地说："今天公司突然来了一大批文件，需要审核。但是妈妈的同事今天请假了没有来，妈妈只能自己完成这些任务，如果完成不了就有被扣奖金的危险，压力非常大。但是妈妈不怕困难，乐观地对待这次挑战，终于找到了一种很便捷的审核方法，把这些任务都完成了，还拿了好多奖金，你说妈妈是不是特别棒啊。"

小康听了妈妈的话，连忙点头称赞，并且说以后也要像妈妈一样有乐观的性格。

家长是孩子最好的老师，孩子有很多行为习惯都会模仿家长。我们不能对孩子说生活中的烦恼和压力，但是可以让孩子知道家长的成功和喜悦，就像例子中小康的妈妈一样，她把她用乐观的态度克服困难的事例告诉了小康，帮助孩子养成乐观的性格，这样的教育要比给孩子灌输概念性的知识要简便许多，也更容易让孩子理解。

所以家长在教育孩子时，要多和孩子分享自己的快乐，让孩子知道家长的乐观，这样才能让孩子不悲观，才会更好地养成乐观的性格。

孩子的活泼乐观离不开朋友的帮助

小郑今年5岁了，活泼可爱，并且很愿意上幼儿园，是个懂事的好孩子，妈妈从来不为他上幼儿园而烦恼。

小郑在幼儿园里与小朋友们处得非常好，大家在一起玩得都很开心，每天嘻嘻哈哈无忧无虑的。当妈妈接小郑放学时，他还依依不舍地和小伙伴们道别。小郑这样开朗活泼的性格也让妈妈很欣慰。

放假的时候，有很多小朋友都会成帮结伙地在小区里玩，但是小郑的妈妈担心他的安全就不同意他出去。小郑不理解为什么其他小朋友都可以在外面玩，自己出去玩就不可以，就问妈妈："妈妈，我们班有很多小朋友都在外面玩，为什么我不能出去玩啊？"

妈妈说："妈妈担心你在外面玩会受伤害，而且那些总在外面玩的小朋友多野啊，妈妈不想让你和他们交往。"

小郑很不理解妈妈的话，这件事就这样过去了。有一天，妈妈的同事带着孩子来家里做客，两个小孩是同班同学，所以玩得很开心。但是同事家的孩子非常淘气，妈妈很不喜欢，担心小郑会受他的影响也变得调皮捣蛋，等到客人走了以后，妈妈就告诉小郑，以后不能再和这样的孩子玩了。

小郑很喜欢和小朋友们一起玩，可是妈妈总是用各种借口阻碍他和小朋友们交往，导致小郑每天都闷闷不乐的，失去了以前的活力。

孩子的成长会很容易受到周围环境的影响，家长想要让他养成乐观的性格，就要让他多和小朋友们一起玩。因为小孩子并不知道什么是忧愁，他们每天都会开开心心的，所以当孩子和这样的小朋友一起玩的时候，就会受到他们的感染，更好地养成乐观的性格。

例子中的小郑就是一个很喜欢和小朋友们玩的孩子，这并不是说明他贪玩，而是说明他在和这些小朋友们一起玩的时候是快乐的。但是妈妈担心他被其他小朋友带坏了，就阻碍他和一些妈妈认为不好的小朋友交往，导致小郑的生活失去了原有的快乐。

如果孩子长期在这种没有伙伴的环境下生活就会失去活力。孩子有自己的交际方式，如果家长阻碍孩子与小朋友的交往，就会导致他人际交往能力停滞不前，长大以后也无法很好地处理人际关系。

家长保护孩子是理所当然的，但是过度的保护会影响孩子能力的养成。如果不让孩子与其他小朋友交往，就会影响孩子养成乐观的性格，下面有几个解决这类问题的方法供家长参考。

1.鼓励孩子交友，学习朋友的优点

有很多家长为了保护孩子不受不良孩子的影响而学坏，不愿意让自己的孩子和这样的孩子交往。其实这样的做法是片面的，每个孩子都有自己的优缺点，要让孩子学会看到朋友的长处并且虚心学习，这样才能让孩子更好地学会交友，孩子才能更乐观。

　　小严是家里的独生子，性格孤僻，不擅长和别人交朋友，所以他的生活过得很沉闷。妈妈知道小严的这个情况后，就想让他多交些朋友，帮助他养成乐观的性格。

　　但是妈妈认识的小朋友也不多，没有太好的榜样让小严学习，妈妈思前想后终于想到邻居家孩子的人缘特别好，但是这个孩子的性格太活泼，总是调皮捣蛋，妈妈担心小严和他学坏，就没给小严介绍。

　　但是妈妈没想到，等到小严上学以后，邻居家的孩子居然和小严同班。两个人认识以后，每天都一起上学一起放学，关系处得特别好。那个孩子虽然调皮捣蛋，但是对朋友非常仗义，小严不仅没被那个孩子带得调皮捣蛋，还在他身上学了很多交朋友的方法，两个人也成了铁哥们。

　　从此以后，小严再也不悲观了，生活充满了活力，并且交到了很多知心的好朋友。

　　小严因为缺少朋友，所以他的生活没有活力，人也有些消沉。但是当他交到朋友之后，开始变得乐观起来，并且知道了怎么和朋友相处。

　　妈妈担心小严和邻居孩子学坏，变得调皮捣蛋，但是小严并没有学习朋友不好的地方，而是学习他善于交友的优良品质。所以，家长应该鼓励孩子多交朋友，让孩子在不同的小朋友身上学习不同的优点，取长补短才能更好地完善孩子，才能让他养成乐观的性格。

2.让孩子在快乐的人群中感受氛围

　　孩子在成长中不可能总是乐观的，当孩子出现消沉的情况时，家长就要带孩子去有欢乐的地方，让孩子感受到快乐的氛围，这样他才能摆脱消沉，变得更加乐观。

　　小龙原本是一个乐观的孩子，但是因为家里搬家，换了个城市，导致小龙失去了原有的快乐。

　　小龙在以前的家时，有很多朋友，对周围环境都很熟悉，但是到了新家，他谁都不认识，对哪里都陌生，所以使得小龙无法再像以前那样乐观地生活了。

　　妈妈知道要让小龙适应这个环境需要时间，但是家长在此期间也不能什么都不做，所以妈妈想到了一个好办法，以帮助小龙尽快地乐观起来。

　　有一个周末，妈妈看到小龙的情绪还是很低沉，就带着小龙去了游乐园。和妈妈想的一样，小龙进入游乐园之后，情绪马上就有了好转。

　　因为来这里玩的人都是开心的，好多小孩、大人都笑个不停，小龙看到他们开心的样子，自己的心情也开朗了。妈妈看小龙的情绪好转就对小龙说："你看看那些小朋友笑得多开心啊，有很多孩子以前也不住在这里，也是后来把家搬到了这里，你看他们现在不也很开心吗？所以你不管住哪儿，遇到什么困难，都要用乐观的心态对待人生，这样你才能更快乐。"

　　小龙听了妈妈的话，感觉心情好了很多，就问妈妈："妈妈，小龙以前的朋友都没有了，现在也没有朋友，小龙和谁玩啊？"

　　妈妈说："当你想以前的小朋友时，妈妈就帮你给他们打电话让你们聊天。现在你虽然没有朋友，但是你可以交朋友啊，你看在这里的小朋友玩得多开心啊，你也快去加入他们吧。"

　　经过妈妈的鼓励与引导，小龙的状况终于改善了，又恢复了以前的活泼开朗。

孩子的生活离不开朋友，也离不开快乐，就像小龙一样，他在以前生活的环境里有很多的朋友，所以他的生活也很阳光，性格也很乐观，但是当他搬家之后到了新的生活环境时，就因为自己没有朋友，而感到生活无趣，产生了消沉的心理状态。当家长带他去游乐园看到很多快乐的小朋友之后，他的心情才有了好转，所以家长要多让孩子感受快乐的气氛，多让他和快乐的孩子接触，这样才能让孩子更加乐观。

第五章

诚信，是孩子的立身之本

诚信做人才能赢得别人的信任

　　小溪今年6岁了，性格开朗、活泼，总是能跟小朋友们打成一片。但是突然有一天早上，小溪哭着抱着妈妈，说自己不愿意去幼儿园，妈妈问小溪原因，小溪说："有同学欺负我，我不想去。"

　　妈妈听了很生气，就给幼儿园老师打电话。但是老师说没有这样的事情，并且对小溪妈妈反映，因为小溪总爱说大话、说谎话骗大家，很多小朋友都不愿意跟小溪玩，甚至总排挤他。

　　起初，小溪很受小朋友们的欢迎。但是班里来了一名新同学，总会给大家讲一些他妈妈带他出去玩的事，大家都很羡慕他。渐渐地，跟小溪玩的同学都去找那个同学玩了，小溪很失落。为了吸引小朋友的注意，小溪就编了很多故事讲给大家听，比如说，自己亲眼见过长颈鹿，摸过长颈鹿的脖子。像这样的故事都让小朋友们很好奇，很羡慕，所以大家又都愿意跟小溪玩了。

　　但是有一天，小溪摸长颈鹿脖子的事被小朋友们拆穿了。于是大家就开始疏远小溪，说他是骗子，不愿意相信他说的话，小溪才哭着不愿意去幼儿园了。

　　小溪这样的情况妈妈很担心，但是一时间也没有对策，不知道该从哪里入手教育小溪。

诚信是一种美德，需要从小培养，诚实的孩子在与朋友相处时，更易得到伙伴们的欢迎。孩子是否能懂得诚信，学会诚信，对他以后的成长有很重要的影响。讲诚信的孩子往往有较强的责任感，有积极的上进心，做起事来一丝不苟，稳重且值得信赖。

不讲诚信的孩子，会被同学孤立，说的话、做的事得不到大家的信服，没有人愿意与他一起处理事情，甚至会让他人质疑他的品德。对于孩子来说，不讲诚信的原因有哪些呢？

首先，取决于家长的引导，家长的品性往往决定着孩子的品质。倘若家长总是欺骗孩子，就会让孩子也学会欺骗。

比如说，晚上睡觉的时候，孩子不愿意睡，家长为了让孩子睡觉，就会编造一些谎言说："宝贝听话，你今天早点睡觉，明天爸爸妈妈就带你去玩。"孩子乖乖地去睡觉了，可是到了第二天，家长又会编出各种理由说不能去玩了。如果家长总用欺骗的方法管教孩子，就会在孩子心中产生负面的影响，导致孩子也学会欺骗，逐渐发展成不良的品质。

其次，是由于孩子本身的想法与心理作用。当孩子想要做某事，在家长不同意的情况下，他们也会用说谎的方法来达到自己的目的。当孩子害怕家长责罚的时候，也会用说谎的方法来欺骗家长，躲避责罚。

最后，就是为了自己的优越感而说谎。有时，说谎话能让自己成为他人关注的对象。受人瞩目的优越感会助长孩子说谎的动力，慢慢地，他的话就会让人不相信。他们并不知道什么是诚信，什么是谎言，不知道说谎的后果及其严重性，只是为了满足自己的心理而编造谎言。

有些家长在面对孩子说谎的时候，不知道怎么去管教，或者说教导的方式不科学，相反，有些家长就很会教育孩子，下面把几种常见的方法介绍给大家。

1.讲诚信小故事

对于孩子来说，家长讲的道理他们可能不理解。但是父母讲的故事，可能只说一遍，他们就能记住了。因为小孩子喜欢听故事，对听故事格外认真。所以家长就应该抓住孩子喜欢听故事这个爱好，给孩子讲关于诚信的故事，然后再给孩子讲其中的道理。

比如说，家长可以给孩子讲《狼来了》的故事，讲完之后要及时与孩子沟通，让他明白其中的道理。当孩子听完故事之后，家长可以问孩子："你知不知道，为什么狼真来了的时候，乡亲们没有去救放羊娃呢？"

让孩子经过思考后，家长再告诉他，因为放羊娃不讲诚信，说谎话，所以才没人相信他，好孩子不能说谎，这样小孩就能明白其中的道理了。

2.在生活中注意孩子的撒谎行为，拆穿孩子的谎言

家长想要知道自己的孩子有没有说谎，就要先了解孩子的生活，不然就没办法判断孩子是否在说谎。

很多家长不在意孩子说的话是不是实话，孩子说什么就是什么。这就是孩子养成欺骗家长的习惯的原因。在这时，家长要了解孩子为什么说谎，是想买什么东西，还是想吃什么东西。家长需要了解之后再进行合理的处理。

当家长发现孩子说谎时，不能打骂孩子，那样只会让孩子的心理负担更重，不仅无法改掉说谎陋习，而且会产生其他的不良影响，也不能简单地口头上说两句就完事了，而是应该究其根源，问他的心里想法，从而找到解决的办法。

比如说，上一年级的小孩没有零花钱时，就会骗父母说，要交学杂费或者书本费。有些父母就会直接给了，那样只会让孩子更加大胆地说谎。而有些父母就会给学校打电话，了解有没有收费，在这个时候，就是教育孩子的

关键了。

家长首先要问孩子他说的话是不是真的，比如说，家长应该问孩子"学校真的要交学杂费？如果你不说实话，以后就没有零用钱了"，然后再告诉他，家长有什么样的办法能识破孩子的谎言。通过这样的引导，孩子就会说出真话。

当孩子说实话后，家长就应该再问，当初为什么不说实话。这样可以了解孩子的心理，然后告诉孩子不应该说谎，说谎得不到别人信任，这样孩子就会渐渐改掉说谎的习惯。

3.以身作则，言传身教

对于教育孩子来说，言传身教是有效的方法之一。孩子小的时候，不能理解话语的真正含义，但是他会学父母的言行举止。所以说，在教育小孩的时候，家长应该诚实守信，答应孩子的事一定要做到，不能用欺骗的方法来教育孩子。

比如说，家长不想让孩子吃零食，就会对孩子说："这个东西不好吃，吃了会肚子疼，不能吃。"

这样做，孩子的确就乖乖不吃了，但是等他知道这个东西能吃的时候，就会知道家长在骗自己，从而学会说谎。所以说，家长在生活中一定要以身作则，这样孩子才会学会诚信做人，赢得他人的信赖。

孩子待人诚恳，会更受欢迎

小北是家里的独生子，有些调皮，爱说爱动，经常被家里人称为"小活宝"。在小伙伴面前，小北也是个开心果，总能逗大家开心，所以大家都很喜欢他。

小北已经上小学一年级了，在一年级上学期的期末考试中，成绩优异。转眼到了一年级下学期，妈妈突然发现，一直爱说爱动的调皮鬼小北，突然变老实了，话少了，也不爱动了，没事的时候就在那发呆，好像有很多心事一样，学习成绩也随之下降了许多。

小北的情况让妈妈很担心，于是妈妈让小北的班主任老师帮助留心小北的状况。通过老师的调查妈妈才发现，原来小北变沉默的原因是同学们都不愿意搭理小北了，还总是捉弄小北。

比如说，有的同学故意约小北下课一起做游戏，但是下课的时候却不跟小北玩。这就让一直爱说爱闹的小北产生了很大的心理负担，慢慢地变得沉默了。

对于此事，老师很生气，就问那些捉弄小北的同学，为什么要这么做。而那些同学却理直气壮地说："他以前也是这么捉弄我们的，在我们背后说我们坏话，答应帮我们买吃的，他都不买，让我们挨饿。他还总是骗我们说老师叫我们去办公室。"

老师又问小北："你为什么这么做啊？你不知道这样做是愚弄他

人，对人不真诚吗？"

小北说："我觉得这样好玩。"

小北的回答让妈妈很担忧，一个一年级的孩子，怎么能学会拿愚弄别人来取悦自己呢？小北对别人不诚恳，别人又怎么对小北真诚呢？小北妈妈觉得对小北的教育有失得当，所以决定教导小北诚信待人，认真做事。

故事中的小北，总是拿愚弄别人的方式取悦自己，这样做是不尊重同学，甚至是有辱同学人格，这才导致同学们用同样的方法对待小北。小北这样做的原因，首先是不懂得尊重同学，导致他为人不诚恳，不受大家欢迎。其次是，小北没有勇于承认自己的过错，更没有虚心接受他人的意见。如果小北继续这样不懂得与人交往地发展下去，就会变得越来越不合群。这样的童年是不快乐的，会影响小北的心理健康，对于他以后的成长也是不利的。

每个家长都希望自己的孩子能诚恳待人，并且受到他人真诚地对待。所以如何让孩子懂得诚恳待人的道理，是家长们很关注的话题，下面几个方法供家长们参考。

1.尊重他人，不做有辱他人人格的事

家长要教育孩子诚恳待人，就要先教孩子如何尊重别人。俗话说，打人不打脸，揭人不揭短，这就是尊重他人的表现。只有尊重他人，真诚地对待他人，才能让你在人际交往中备受欢迎。揭露他人的短处，就是对他人的不尊重，更是对他人人格的侮辱，那样就很难与他人真诚相处。

善于开玩笑的人，会让人觉得很诙谐幽默，更容易被他人接受，从而受到他人的欢迎。但是过分地开玩笑，或者说在不适当的时候开玩笑，会惹别

人的厌烦，影响与他人之间的交往。在成长过程中，有很多孩子愿意跟同学开玩笑，但是孩子不知道玩笑的深浅，往往就会揭露同学的一些短处，甚至侮辱了他人的人格。

小北就是个典型的例子，他经常捉弄其他同学，导致其他同学很讨厌小北，不愿意跟小北交往，并以同样的方式来捉弄他。小北其实是在跟同学开玩笑，但是这种玩笑是对他人的不尊重，间接地侮辱了他人的人格。因此，小北才受到他人的反感。

家长要让孩子明白，想要让同学对你有好感，你就得尊重同学，尤其是尊重同学的人格。诚恳地对待同学，礼貌待人，懂得尊重别人才能真正地受到别人的欢迎。

2. 勇于承担自己的过错

在人际交往中，只有诚实的孩子，才能赢得别人的信任，才能得到别人诚恳的对待，才会更容易得到大家的欢迎。

有些孩子总喜欢无中生有，以文中小北为例，小北常欺骗其他同学说老师叫他去办公室。

很多孩子听到老师叫他，就会真的跑去办公室，等发现没有这回事的时候，就知道小北在骗自己了，之后就会认为小北不诚实，对待自己不诚恳，不想跟小北交往。

而小北这样的行为发生后，并没有意识到自己错了，也没有跟大家道歉，这才导致小北后来不受大家欢迎。

所以说，小北想要受到同学们的欢迎，就要真诚待人，为人诚恳，不能欺骗同学，而且对于自己犯过的错误要勇于承认。这样才会让同学们知道，小北已经认识到自己错了，下次会努力改正，才能让大家放心地跟他交往。

3.虚心接受他人的批评与建议

懂得虚心接受他人意见的孩子，才能逐步地完善自己，让自己更受大家的欢迎。家长在教育孩子时，要让孩子懂得，当他人给你提意见时，说明你在某些方面存在一些问题，在这时，要虚心接受，并且改正，才能获得更多人的欢迎。

有些孩子在被别人提出意见的时候，会觉得自己做的是对的，不愿意听取别人的意见。这样的孩子会让人认为他为人不诚恳，其他人慢慢地就会疏远他。

家长要告诉孩子，当别人对你提出意见的时候，一定要多反思自己，别人不会无缘无故地挑你的毛病。如果是自己的错就要及时改正，如果自己真的没有做错，也要分析原因，努力完善自己。

家长还可以要告诉孩子，一定要虚心接受他人的意见，不能因为别人对自己的批评就产生不满和怨恨。无论对方说的是对的还是错的，都要诚恳地对待他人的建议。这样才是尊重他人、诚恳待人的表现，才会受大家欢迎。

做不到的事不要随意应承

小宁今年9岁了，在学校人缘特别好，是个特别有爱心的孩子，总爱帮助同学，因此成了班级的"小雷锋"。

有一天中午，班级有个女同学的钱包丢了，哭得很伤心，大家都在安慰她。小宁看到同学有困难后主动对那个女同学说："你别哭了，没事的，我能帮你把钱包找到。"

那个女同学听到小宁的承诺后安心了许多，但是她发现钱包不见的时候，已经是进学校之后的事了，她也不清楚钱包是丢在学校还是丢在路上了。

小宁简单地问了几句就急匆匆地跑了出去，按照那个女同学说的路线低头寻找，可是怎么都找不到。小宁的心里非常着急，眼看就要上课了，要是找不到钱包，回去该怎么向那个女同学交代啊？

小宁越想越着急，在学校里闷头苦找，一直找到上课铃响之后也没有找到。

小宁没有考虑自己有没有帮助同学找到钱包的能力，就盲目地答应了找钱包的事情，这种做法是对他人的不负责。

孩子在作出承诺后没有做到的原因有很多，比如，有很多孩子做事不考虑后果，像小宁一样没有正确认识自己能力的局限性；还有些孩子责任感不强，对于说过的话不负责任，没有慎重对待自己的承诺。

有些孩子认识不到自己能力的局限性，总是想做一些自己能力之外的事，就会产生一种好高骛远的心理，做事的时候就会眼高手低。

如果孩子经常承诺一些自己做不到的事会让他很受打击，从而让他对自己失去自信，同时也会失信于人。比如，孩子在考试不好的时候情绪很低落，然后就对家长承诺他下次要考班级第一。但是他目前还没有能力考得那么好，总是达不到自己的要求，他就会对自己失去信心，变得越来越努力。

家长在教育孩子遵守承诺时，要让他懂得在承诺他人之后，自己应该怎么努力做到，如果是做不到的事就不要随意应承。

1.家长对孩子要言而有信

孩子在成长的过程中受家长的影响比较大，如果家长对孩子说过的话总是做不到，就会在孩子的心里对承诺产生误解，最后导致孩子不懂得履行承诺的重要意义。

小美从小就喜欢小动物。有一次，妈妈带她去动物园玩，小美看到一只小梅花鹿特别可爱，很想带回家里养，就哭着闹着跟妈妈索要。妈妈很为难，就骗小美说："小美乖，跟妈妈回家，妈妈就给你梅花鹿。"

小美高兴地答应了，可是回到家后，根本没有梅花鹿，小美就问妈妈为什么。妈妈生气地回答说："我上哪给你弄梅花鹿去？我看你像个梅花鹿。"

首先，小美的妈妈不应该用欺骗的方法诱哄孩子，其次，她没有给孩子解释，为什么她没履行承诺。小美妈妈承诺了孩子自己做不到的事，会让孩子效仿，对孩子的成长是不利的。

家长在处理这类事情的时候，应该让孩子懂得自己做不到的事不能答应别人。小美妈妈应该要这样告诉小美："小美听话，妈妈知道你喜欢梅花鹿，但是妈妈没有能力把梅花鹿带回家，所以不能答应你的要求。你要是想看它，妈妈可以经常带你来玩。小美是乖孩子，一定能理解妈妈的，好不好？"

家长这样的引导，不仅可以让孩子知道，他的想法是不对的，而且能让孩子懂得，做不到的事不能承诺他人。

2.让孩子懂得自己能力的局限性

家长要让孩子懂得在承诺他人之前，要先认清自己有没有能力完成承诺，这样才是对他人的负责，才能避免答应他人的事自己做不到。

以小宁为例，他就是个典型的没有认清自己能力的孩子。虽然他平时喜欢助人为乐，为同学做了很多好事，但是他在面对同学丢钱包这件事时，没有认识到自己的能力有限，所以他答应帮同学找到钱包，自己却没有做到。这时，家长就要告诉孩子，做事之前要先考虑这件事情自己要怎么才能做到，做不到该怎么办。只有了解了自己的能力才能让自己对他人负责，而不是随意应承他人。

3.懂得对自己能力范围之外的事情说"不"

有些孩子在知道自己做不到时还会作出承诺，是因为他们不懂得拒绝，总是碍于自己的面子答应他人一些对自己来说很为难的事。

小李个子很大，又很有力气。很多小孩都喜欢玩气球，在一次班级的联欢会上，有一个气球又厚又大，大家都吹不起来，于是就来找小李帮忙。

因为他也没有把气球吹大的能力，所以他选择了对同学说"不"。同学们听到他吹不起气球时，都很失望。小李说："虽然我不会吹，但我可以试一下，吹不大你们不准笑我哦。"

结果显而易见，小李用了很大力气，只让气球鼓起了一点。虽然感觉很不好意思，但是他还是勇敢地面对了现实。

倘若小李没有拒绝同学，可是又没有能力把气球吹大，就会让同学们更加失望，他也会产生心理负担。但是他知道自己的能力有限，勇敢地拒绝了大家的要求，并且给大家做了个示范，让大家知道了他的确吹不大。这样不仅让他正视了自己的能力，而且会让大家认为他很真诚，值得信任。

所以说，孩子应该懂得在自己能力范围之外的事情上拒绝他人，这才是一种诚信的表现。

有效的监督，能避免不诚信的行为

壮壮今年6岁了，平时他的家长们都在忙自己的工作，很少有时间照看他，导致他非常渴望家长的关心和表扬。

有一次，壮壮和小朋友们在楼下玩完游戏准备回家的时候，突然看到有一个卖杂货的小摊位没有人看管。在这时，有一个小女孩走到摊位旁边四处看了一眼，发现没有人，就自己打开了一瓶AD钙奶喝着就走了。

壮壮看到后，也学着那个小女孩的样子走到摊位前，看到四处无人，拿了一瓶AD钙奶，撒腿就往家跑。

回到家里后，壮壮害怕家长责罚，就对家长说，AD钙奶是楼下的小朋友送给他的。家长听到后很高兴，并没有详细询问，也没有察觉到壮壮说谎后表情的异常，就盲目地认为壮壮是因为人缘好才收到礼物的，并且夸赞壮壮是好孩子。

家长这样的夸赞促使壮壮的行为愈演愈烈，从此之后，他经常会趁那个摊位没人的时候拿东西吃，养成了偷东西的不好习惯。

没过多久，壮壮这样的行为就被卖杂货的阿姨发现了，并且抓了个现形。当壮壮的家长知道他偷东西以后才恍然大悟，想起当初的那瓶AD钙奶的事情，后悔当初没有好好监督自己的孩子，但是现在说什么都已经晚了。

孩子诚信的品质需要家长的培养。在孩子的成长过程中，家长需要给予孩子必要的提醒和正确的引导，监督孩子诚信做人。如果家长对孩子的监督不到位，就会导致孩子学会说谎，学会欺骗。就像例子中壮壮的家长，他们盲目地相信孩子的话，不假思索地给予鼓励，才导致壮壮养成不诚信的习惯。

家长是孩子最好的老师，不要因为忙于工作，就疏于对孩子的监督与管教。家长如果对孩子放任不管，就会使孩子养成散漫的性格，不利于他的成长，所以家长要适当地给孩子一些压力，帮助他们养成诚信的品质。

在生活中，如果家长对孩子的关心很少，就会让孩子感觉家长不在乎自己，有很多孩子就会用说谎或者更消极的方法引起家长的关注。相反，如果家长能做到有效地监督孩子，就会了解孩子的内心，及时发现孩子的异常行为并且帮助孩子改正错误，给予他需要的关心与鼓励，帮助他健康成长。下面给家长们提供几个有效监督孩子的方法，供家长们参考。

1.让孩子信任的家长才能对其有效监督

家长是孩子最好的玩伴，在孩子成长的过程中，家长要与孩子建立互相信任的关系，让孩子觉得家长是最值得依靠的。这样孩子才会和家长无话不谈，才能使家长更好地了解孩子并且监督孩子健康成长、诚信待人。

家长不仅要取得孩子的信任，还要信任孩子，当家长认为孩子做错事的时候，不能没有证据就批评孩子。那样的做法会让孩子产生严重的心理负担，甚至产生逆反心理，不利于孩子的成长。

如果家长发现孩子可能出现不诚信的现象，但是没有证据证明孩子不诚信时仍能够信任孩子，及时给予孩子鼓励，告诉孩子做不诚信的事情有哪些危害，并且让他知道，家长相信他一定能诚信做人。这样的引导不仅能给孩子强烈的自信心，还能有效地监督孩子诚信做人。

2.家长要在孩子做事之前叮嘱孩子讲诚信

孩子在成长的过程中，对事物的理解能力有限，家长要在孩子做事之前，叮嘱孩子诚信做人，认真做事，让孩子形成这样的意识，防止孩子在做事的时候出现不诚信的现象。

兰兰今年已经上小学三年级了，班级组织了一场画画大赛，要求每个小朋友都自己动手画画，在家里完成后交给老师审核就可以了。

但是有很多小朋友为了取得好名次，找来哥哥姐姐帮忙画。兰兰的妈妈知道这件事情后，害怕兰兰受同学的影响，也出现不诚信的现象，所以反复叮嘱兰兰，要遵守比赛规则，做到诚信比赛。

所以兰兰在妈妈的监督下，自己动手完成了画画作品。虽然没有取得太好的名次，但是兰兰在这次比赛中学会了诚信做人，对她的成长有很大的帮助。

在这种监督不是很严的比赛中，出现作弊的可能性非常大。如果孩子在这样的比赛中养成作弊的习惯，那么他在以后的学习甚至工作中也会用作弊的方式处理事情。比如说，孩子在考试的时候遇到不会的题了，就会为了取得好成绩抄袭同学，导致自己养成不努力学习的不良品质。

在这种情况下，家长们就要像兰兰的妈妈一样，有效地监督孩子，让孩子知道用自己的努力争取更好的成绩，而不是通过别人或者抄袭别人的，这样才能让孩子学会诚信做人，认真做事。

3.鼓励孩子坚持诚信做人

孩子在做事的时候，家长应该多给孩子鼓励。如果孩子因为做的事情很难，自己很费力又做不好而选择蒙混过关，就会出现不诚信的现象，影响孩子的成长。

明明上小学二年级了。有一次，语文老师给同学们布置了很多的寒假作业，由于作业太多，明明就产生了不愿意做，想要抄答案的心理。

明明的妈妈是个细心的人，发现了明明的忧虑，就安慰明明说："明明是不是不愿意做作业了啊？不愿意做就先歇会儿，歇好了再做。但是咱们可不能直接抄答案，那样做是不诚信的行为，妈妈相信你一定能自己努力完成作业的。"

通过妈妈的鼓励与引导，明明终于克服困难，自己完成了所有作业，养成了诚信做事的好品质。

孩子在做事的时候会有懒惰的心理，就像明明一样，因为作业多就不愿意写，想要通过简单的方法抄袭作业。在这个时候，家长就要及时地给予孩子鼓励，让孩子学会努力做事，诚信做人。

第六章
家教要维护孩子的善良本性

让同情心和爱心伴随孩子的一生

一位幼儿教师想发表一篇关于儿童同情心的论文，于是她在自己班里作了一个简单的调查。她给孩子们出了这样一个题目：如果班里有个小朋友在玩耍的时候不小心绊倒了，磕破了膝盖，流血了，你们愿意借给他几片创可贴吗？半天没有人响应。

这位幼儿教师见状感觉挺尴尬的，就一个接一个地点名让孩子们回答。

他们有的说："又不是我把他绊倒的，凭什么借他创可贴？"

有的说："创可贴是妈妈花钱给我买的！"

还有的说："我还要留着自己用！"

……

结果有几乎一半的孩子都找各种借口表示不愿意借创可贴给流血的小朋友。这些令人心寒的回答竟都是出自这些单纯的孩子之口，这位幼儿教师顿感失望、忧虑，却又心存不甘，于是就问自己五岁的女儿："一位小妹妹发烧了，她感觉特别冷，很需要一个外套，你愿意把你的外套借给她吗？"

女儿冷冷地说："不借！"

她有些心痛了，但仍继续引导女儿："可是她冷得全身都在颤抖，脸色很苍白啊。"

女儿竟甩出一句："关我什么事？"

孩子们缺乏同情心就会表现得很冷漠，没有人情味儿。事例中五岁的女孩竟然能说出"不借"、"关我什么事"这些无情的字眼，这就是缺乏同情心的表现。同情心是指对他人的不幸遭遇或处境在情感上产生共鸣，从而给予他人道义上支持或物质上帮助的态度和行为。没有同情心的人不会体谅别人的感受，自然也就谈不上关心别人。然而，造成孩子同情心和爱心缺失的原因有很多。

首先，冷漠的家庭环境。如果孩子从小生活在不注重亲人之间感情交流的环境中，没有浓浓亲情氛围的熏陶，时间久了，孩子对待感情的态度就会变得非常冷淡。

其次，父母的溺爱。随着社会的发展，现在家庭中的独生子女越来越多。孩子们在家都被当作王子、公主一样宠爱着，很多父母都是无条件地满足孩子的各种要求，逐渐养成了孩子们霸道自私的性格。在这些孩子身上，我们很难看到爱心与同情心自然也不是什么令人惊奇的事。从事例中就可以看出，很多孩子都表现得很自私。

再次，对孩子教育重心的偏移。中国自古以来就有望子成龙和望女成凤的说法，所以很多父母都受传统思想根深蒂固的影响，只关心孩子的学习成绩。很多孩子放学回家听到的第一句话就是，这次考了多少分，或者作业有没有得优。他们忽视了对孩子思想和品性上的教育，没有考虑到缺乏同情心和爱心其实是孩子人格的一种缺失。

最后，孩子以自我为中心的意识。孩子在幼儿早期是要经历一个以自我为中心的意识发展阶段的。而在这个阶段，如果父母没有注意对孩子进行正确的引导，那么孩子就很容易走进一个自私的误区。自私一旦形成一种习惯，是很难改掉的。

以自我为中心的孩子往往心理都很脆弱而经不起生活和学习中的挫折。而且同情心的缺乏会导致孩子们心胸狭隘、孤傲、冷漠和万般挑剔的不良性格。对于出现这些问题的孩子，家长可以参考以下几点建议。

1.以身作则，给孩子树立一个好榜样

孩子在成长过程中，父母的行为会给孩子性格产生很大的影响。《三字经》说的"养不教，父之过"，其实就是告诉我们，没有调教不好的孩子。只要父母们在生活的一些细节上能够多加约束自己，比如说，不要当着孩子的面残杀小动物，夫妻吵架时不要随便摔砸东西，尽可能多地帮助有困难的弱者等，从自身的行为细节上对孩子言传身教，就可以在孩子心中树立起一个高大令其崇拜的形象。这样时间久了，孩子自然会耳濡目染，也学会规范自己的行为和思想了。

2.多给孩子讲些有关爱心的小故事

在生活中，家长应注意让孩子多多接触与爱心教育有关的信息，可以每晚在睡觉前给孩子讲些乐于助人的好故事，多给孩子介绍像雷锋这类的英雄人物，还可以给孩子买一些有益心理健康的漫画书、故事书之类的资料，陪孩子一起看教育意义比较强的儿童电影等。家长千万要留意让孩子远离暴力、消极的环境，要从正面的例子中对孩子进行教育。

3.建立孩子与小动物的感情

如果有条件的话，可以与孩子一起养些小动物或者花花草草，比如，小狗、小猫、小乌龟、向日葵等。和孩子一起把小动物从小养到大，尽量多让孩子们自己动手照顾它们，每天给它们喂食物、喂水和陪它们玩耍。孩子天

生就和小动物之间有种亲切感，这样不仅增进他们对小动物的感情，同时也培养了孩子的同情心和爱心。

4.注重孩子情商的教育

家长不要一味地关注孩子的智商，还要注重提高孩子的情商。情商也是决定孩子未来成功与否的关键性因素，而富有同情心就是情商高的一种体现。孩子在童年的时候有一段叛逆期，这期间孩子的性格很容易走向极端，表现得烦躁、易怒、无理取闹、缺乏爱心。这个时候父母一定要重视起来，对孩子进行正确的心理疏导和调节，把他们的这些不良的心理问题扼杀在萌芽期。

5.鼓励孩子主动帮助弱者

对于社会上的那些弱势群体，父母要有意识地让孩子了解和感受他们的苦难，并引导孩子去主动提供帮助。这时孩子就会增强同情心和爱心，不仅如此，孩子成为一个乐于助人的人，帮助亲朋好友，还会增加他的人气，使孩子在他的人际圈中更加受欢迎。

星期天，王女士和上幼儿园的女儿菲菲在公园散步。菲菲看见一只受伤的小兔子躺在路边的草丛里，动弹不得了，惊叫着告诉妈妈："妈妈，你看，这个小兔子的腿受伤了，在流血呢。"

王女士歪头看女儿满脸心疼，就故意引导女儿："菲菲，那你说我们现在该怎么办啊？"

看菲菲一脸茫然无措，王女士又说："菲菲，要不你把它抱起来，咱们回家给它包扎一下好不好？你看它多疼啊。"

菲菲一口就答应了，并小心地抱起小兔子。王女士对女儿的表现感到很欣慰："菲菲真是个善良的好孩子！"

菲菲听了妈妈的夸奖，一脸的成就感。

6.培养孩子的同情心和爱心，不要急于求成

很多父母看到孩子没有爱心，没有怜悯心的表现时，很是焦躁，总是以严声呵斥、责骂殴打的粗暴方式对待孩子，想让孩子在一夜之间改掉坏毛病。孩子在成长过程中，对事物的判断力不是一下子形成的，可能很多时候他们表现得自私、排外只是因为他们处在以自我为中心的成长阶段，但那不代表孩子本性不善良。只要家长耐心地以正确的方式对其进行心理疏导，或者适当批评教育，例如，当孩子有自私的表现时，家长要及时说教，让其学会换位思考。只有在生活中这些点点滴滴的小事中对孩子进行言传身教，同情心才能潜移默化地渗透到孩子的品性里去。

善事不分大小，贵在真诚和坚持

星期天，崔女士陪着上小学一年级的儿子京京看了关于2008年汶川大地震的纪录片。崔女士希望能够通过观看纪录片，让儿子切身感受一下那些被地震摧毁家园的难民们的悲伤，从而增强儿子扶持弱者的同情心。看纪录片的过程中，在看到那些受伤的儿童在废墟中爬着找妈妈的镜头，看到那些白发人送黑发人的老人在绝望地哭喊的镜头，京京竟靠着妈妈的肩头，偷偷地抹着眼泪。这时，崔女士知道这次带儿子来看纪录片的目的达到了。

影片结束的时候，京京心情凝重地跟妈妈说："下次老师再让给灾区的小朋友捐钱的时候，我要把我那个小猪存钱罐里的零花钱全部都捐出去，帮助那些小朋友。"

崔女士听了很开心。为了帮京京梳理一下悲伤的心情，崔女士决定带京京去社区的公园里放松一下。他们在路上，看见前面的一位老奶奶手里提的苹果袋子突然破了，苹果滚落一地。然而，走在前面的京京却像没有看到这一幕一样，从老奶奶身边走过去了。

崔女士见状不妙，心想京京已经把刚才纪录片中的苦难忘光了。回家之后，崔女士叫来京京，指出了他刚才行为的错误，并告诉他："不是只有像纪录片中的那些人才需要帮助，助人为乐要从身边的小事情做起。就像刚才那位奶奶，她年龄大了，弯腰捡苹果很不方便，我们看见了就应该帮助她。"京京听了妈妈的一番话之后，意识到了自己的不对。

然而，到了第二天，崔女士送京京上学，路过一家理发店时，理发店门口晾晒的几个毛巾被一股风吹落在京京的脚边，而京京又视而不见地走了过去。

类似的事情，后来还发生过多次，每次崔女士都会耐心教育京京。而京京也只是在被教育之后帮助别人的意识会增强，但过不了几天，又会忘记，总是坚持不了多久。崔女士为此很是担心。

上面例子中崔女士所苦恼的问题，可能也同样困扰着很多家长。对于孩子的这些行善意识淡薄，或者不知道什么时候该助人一臂之力的问题，我们并不难找出原因。

首先，孩子怕吃苦，缺少意志力。随着社会的发展，人们的生活越来越

好，家长从小就不舍得让孩子吃一点苦，什么家务都不愿让孩子做，让孩子过着衣来伸手饭来张口的生活。这样就养成了孩子事事依赖父母的习惯，而当孩子独立去完成一件事情的时候，总是做不到有始有终。就如上述例子中的京京所表现的那样，他总是注意不到生活中那些需要帮助的小事。

其次，孩子的一些善良表现没有得到鼓励。生活中，当孩子向父母表示关心，说"爸爸妈妈辛苦了"的时候，父母的回答往往都是"你只要好好学习，把成绩提上去就行，其他的事不用多管"，或者当孩子安抚或给流浪的小狗、小猫喂食物的时候，家长往往会怕孩子被咬伤而一把把孩子拉过去，呵斥孩子说"以后不要靠近陌生的狗，它们会咬你的"。所以，很多时候都是父母们没有重视鼓励孩子、夸奖孩子的作用，把孩子的这些爱心给扼杀了，自己却并没有意识到，而当看到孩子表现得没有善心时却又为此焦虑不堪。

最后，家长没有做好表率。很多时候孩子会忽视那些处于困境中的人，往往与父母平时没有做好言传身教有关。有时家长因为种种原因而没有认真地对待一些慈善活动，这些却被孩子看在眼中，甚至在生活中效仿，从而对孩子造成不好的影响。

孩子没有从小养成做好事的习惯，可能会影响到他未来的人际关系甚至事业。所以家长应采取一些方法让孩子知道"善事不分大小，贵在真诚与坚持"。

1.把大道理融入与孩子的游戏中

在孩子年龄还小，知识面不够的情况下，可能给孩子讲一些什么行善施乐的道理，对孩子来说是难以理解的，而且也起不到什么效果，把大道理融入与孩子的游戏中，效果就会非常好。比如，孩子们都喜欢一个"扮家家"的游戏，这时候家长们可以让孩子扮演一个英雄，而自己扮演一个受伤的弱者，让孩子来拯救自己脱离苦难，然后给这个拯救自己的"英雄""颁奖"，总之要让孩子在这个游戏中感受到"赠人玫瑰，手有余香"的快乐。这样化大道理为小行动会起到意想不到的效果。

2. 养成孩子助人为乐的好习惯

一个好习惯的养成并不是很容易的，尤其是在被动的情况下。所以家长首先应给孩子灌输助人为乐的思想，鼓励他主动帮助处于困境中的人。例如，当与孩子一起坐公交车的时候，提醒孩子给妇幼、老人让座，并同时向孩子表现出你赞许的目光；还可以让孩子每天写日记记录他们所做的一些热心事，帮老师擦黑板、帮同学买饭、逗被老师批评的同学开心等，并养成一种习惯。只有孩子把行善视为一种习惯了，在日常生活中才会自觉帮助那些需要帮助的人，这样父母就不用担心孩子对做好事只有"三分钟热情"了。

3. 告诉孩子做好事要不求回报

家长可以带孩子去孤儿院或者养老院做些义务劳动，让孩子切身地体会社会中的那些弱势群体所遭受的苦难以及帮助他人收获的快乐。这样会给孩子更大的心灵冲击，孩子心中对那些弱者生出一种怜悯了，也就自然而然地愿意出手相助。而当孩子帮助别人之后，家长也不要用金钱物质作为奖赏，这样会让孩子形成"帮别人，要回报"的错误观念，从而会造成他们对"行善"持着一种功利性的态度。

让"与人为善"成为孩子的实际座右铭

　　小峰在班里总会因一些小事和别人闹矛盾，之后，他要么撕别人的书，要么把墨水洒别人一身。而且当别的同学展示、分享自己的好玩具时，他总是不顾及别人感受地"借"过去自己玩，而且还把它带回自己家里玩，完全把它视为己有。但是当自己有了好玩具时，别人却碰都不能碰。

　　就拿上周的一件事来说吧。上周三，小峰爸爸出差回来给小峰带回来一个稀奇的"百变小盒子"，上面有个按钮可以控制着它变成各种不同的动漫卡通人物，很有吸引力。第二天，小峰就把它带到了班里去，吸引了很多小朋友。其中有个小朋友忍不住碰了那个小盒子一下，惹得小峰火冒三丈，猛地一推那个同学，吼道："你把它弄坏了，你赔得起吗？"

　　类似的事情还有很多。慢慢地，再没有人愿意和小峰玩了。不管小峰拿多么新鲜好玩的东西，也没有同学敢去欣赏了，小峰也因自己越来越不招人喜欢而变得郁郁寡欢。

　　事例中的小峰由于霸道自私，在班里人缘越来越差。现实中可能有的孩子也有和小峰一样的苦恼——人际关系处理不好。对此，我们可以考虑以下几方面的原因：

孩子在成长中形成了霸道、自私的性格。每个人都有自己的性格，有的文静乖巧，有的活泼爱动，有的暴躁易怒……而不好的性格会对孩子的人际关系造成不利影响，就如事例中的小峰，由于自私霸道而交不到朋友。

父母没有教会孩子与人融洽相处的方法。很多父母都不太关心孩子在学校的人际关系，而更多的是关心孩子的学习成绩。其实相对于学习成绩，孩子们更关心自己的朋友圈。家长却一味地让孩子按照自己的期望去做，忽视了人际关系对孩子的重要性。

孩子善待他人，却没有得到相应的对待。有的孩子之所以会像事例中的小峰那样霸道、自私，不愿意和小伙伴分享自己的东西，可能是因为他曾经受到过别的小朋友同样的对待，以至于心中产生了严重的不平衡，从而以这种"以牙还牙"的方式对待其他朋友。

另外，家庭的不和睦也会使孩子没有安全感，容易造成孩子冷漠、排外的性格。

这些原因可能会导致孩子在班里人缘不好。"朋友"这个角色在孩子的成长过程中是不可或缺的，有时甚至与父母这个角色同等重要。如果孩子处理不好人际关系，没有贴心朋友，会对孩子的身心健康造成很大的影响。首先，在性格上，可能会使孩子变得内向、不自信、不合群、不善交流，团结意识薄弱。其次，在学习上，孩子缺少交流的对象和学习的榜样，也就无法从别的同学那里获得好的学习方法来提高学习成绩。最后，这些不利因素也可能会对孩子未来的工作、学习造成影响。

父母应重视这些不利因素对孩子的影响，积极采取措施加以避免。

1.在生活中完善孩子的性格

性格决定命运，虽说一个人的性格在一定程度上是天生的，但是也不要忽视后天的培养。家庭的生活习惯、生活环境、父母的行为等都会对孩子的性格产生影响。假如孩子的性格不好，就像例子中的小峰那样，父母是可以在生活中进行纠正的。

比如说，当孩子因自己的无理要求被拒绝而不停地哭闹时，父母不要因一时心软而向孩子妥协，这样会让孩子得寸进尺，不知道自我反省。还有，父母要教孩子学会分享。当给孩子买了美味的食物时，不要让他一个人吃独食，让他学会与父母或好友分享。

2.对孩子助人为乐的行为及时表扬

孩子的世界都很单纯，他们很想得到老师和家长的表扬。当孩子兴致勃勃地在家长面前做了帮助别人的事，他们其实只是想得到赞扬。这时候，家长要及时夸奖，而不能出于对孩子自身利益的考虑，对其加以批评、呵斥，给孩子泼冷水。这样很容易让孩子觉得他对别人的帮助是一件错事，那么他以后就会怕挨骂、挨批评而不敢再去帮助别人了。

3.在活动中教会孩子处处"与人为善"

家长可以抽些时间组织休闲活动，让孩子在这些活动中获得快乐的同时也学会如何与他人友好相处。例如，在家开办一些生日聚会之类的娱乐活动，并邀请孩子的同学参加。在活动的过程中，让孩子去招待他的同学，这样不仅让孩子倍感幸福快乐，又让孩子学习了待人处世的经验。还可以约孩子同学的父母一起，带着孩子去野外郊游等，让孩子亲近大自然，爱护大自然，让孩子心中充满爱。

总之，当看到孩子不能很好地与他人相处时，父母不要一味地责怪孩子，应冷静思考，找出问题的根本原因并积极采取相应的补救办法。

教孩子做事不但利己还要利人利社会

刚上初中的小龙喜欢玩飞镖，为了课间的时候练习，他把爸爸给他买的飞镖带到了班里。教室的后门处有一片空地，为方便同学们出行，没有摆放桌椅，后门平时也是开着的。

小龙为了练习飞镖，在后门上模拟着飞镖靶子画了几个圆圈，每当课间休息时，他就把后门关上，练习飞镖。这样一来，后门的那一片大家共有的活动空间就专属小龙一个人了。而且小龙在那玩飞镖，其他同学都不敢从旁边过，很多坐在后面的同学想要出去，也不得不绕教室一圈，从前门出去，很不方便。

还有一次，小龙从操场打完球，满身大汗地跑回教室，把风扇功率开到了最大。那时候夏天已经过去，天气开始转凉了，坐在风扇下面的几位女同学被风吹得很冷。她们就建议小龙把风扇开小点，然而小龙一副懒得理睬的样子，冷冷地说道："我刚打完球，很热，你们要是怕冷就坐到其他地方去啊！"

那几位女同学都无奈地纷纷离开了自己的座位。渐渐地，小龙的这些行为引起了很多同学的不满。

事例中的小龙把门当飞镖靶子，损害班级公物，而且做事也不考虑其他同学的感受。现实中有很多这样的孩子，做事情只想着对自己有利，而不顾及别人的或是社会的利益。仔细分析，我们可以找出以下几种原因。

首先，孩子年龄尚小，考虑不周全，在交际方面也没有足够经验，再加上孩子天性爱玩，很多时候他们想不到自己的行为会对别人造成什么不良影响，想不起来做事情在利己的同时也要利人利社会。

其次，孩子的自我反省意识不强。人们常说："当局者迷，旁观者清。"孩子们在与人交往中，很多时候都意识不到自己行为的不妥之处，只有通过别人对自己的态度来衡量自己在别人心中的形象。如果孩子自我反省意识强，那么他就会很在意别人对自己的看法。一旦别人对自己的态度变差，他们就会思考是不是自己的言谈举止有哪些不妥的地方。事例中的小龙就没有很强的自我反省意识，同学们的渐渐疏远并没有令他改变或收敛自己的行为，利己不利人的事情仍旧频频上演。

最后，家长把大量的时间精力都用来提高孩子的学习成绩，而很少重视孩子在品德方面的培养。

这些生活中容易被家长忽视的问题，可能会给孩子带来很多不利影响。就像例子中的小龙，他的自私给别人带来不便，导致其人缘变差。人际关系搞不好，自然会对学习、心理等造成一定影响。如果从长远来讲，这些问题可能会影响孩子将来的事业和成就。一个真正成功的人必然有着一颗关爱社会、关爱他人的心。比如，影视界的大哥成龙，微软的比尔·盖茨，华人首富李嘉诚……这些人不仅在自己的事业上有着良好的声誉，而且积极投身于公益事业，受到很多人的尊敬和爱戴。

下面有几个解决方法可供家长们参考。

I.与孩子讨论新闻时事

对孩子来说，通常动画片比新闻报道更能吸引他们。但是作为父母，应该有意识地让孩子接触社会,让孩子在耳濡目染中养成关心社会民生的好习惯。所以,当家长们在看新闻报道的时候,不妨让孩子陪着一起看,并与孩子讨论新闻的内容,纠正孩子的一些错误认识,增强孩子对国家、对社会的责任意识。

2.鼓励孩子当社会志愿者

父母不要心疼孩子小,怕孩子受苦,而要多鼓励孩子积极参加学校或社区组织的一些志愿活动,例如到养老院照顾孤寡老人,植树节时义务植树种草,义务收集饮料瓶等。这样不仅锻炼了孩子吃苦耐劳的精神,也让他们在这些亲身体验中学会了关心他人,关爱社会。

3.让孩子在日常小事中做到利人利己利社会

为了赶在上课铃响之前到学校,小凡匆匆吃完早饭就拎着书包跑了。然而,走到半路,小凡发现有一个下水道井口的盖子没有了,行人一不小心就会掉进去。

小凡犹豫了,看看时间,马上就要上课了,这可咋办?但是想到妈妈平时教育自己,做事情要利人为先,利己为后,小凡决定先想办法把井盖的事情处理好。于是,小凡找来一块硬纸板,写上大大的警示语,立在了井口旁边,希望行人一眼就能看到警示牌,不至于不小心掉进去,也希望城管人员能够注意,及时采取措施把井口盖上。

做完警示牌赶到学校,已经上课几分钟了。老师问小凡为何迟到,小凡把早上发生的事情向老师叙述了一遍,老师不仅没有责怪小凡迟到,反而把小凡夸奖了一番,让小凡心里美滋滋的。

生活中，有利他人、有利社会的小事也有很多。比如，不要乱扔废旧电池，扔垃圾时注意分门别类；坐公交车时要排队上下车，要给行动不便的老人让座；在班里多多帮助有困难的同学等。孩子们通过做这些不起眼的小事，在给他人、给社会带来利益的同时，也养成了节约资源，关爱他人的好习惯，何乐而不为呢？

教孩子保持善心，识别和远离丑恶现象

中午，王女士正在厨房做饭。女儿甜甜放学了，兴冲冲地跑进来告诉她："妈妈，我刚才做了件好事。"

王女士一听，很开心也很好奇，就问："我的宝贝女儿做了啥好事啊，说来听听。"

"刚才在放学回来的路上，我遇到一位外地来的老奶奶。她本来是来这边寻找一位亲戚的，但是迷了路，身上没带多少钱，已经花完了，现在已经两天没吃饭了。我感觉她好可怜，就把你早上给我的10块钱给了那位奶奶，让她去买点饭吃了。"甜甜用心疼的语气描述道。

听女儿这么一说，王女士就知道她被骗了。她心想：在现在这个信息发达的社会，那位老人如果迷了路，完全可以给家人或亲戚打电话，就算不会打电话，起码可以去寻求警察的帮助。而且去外地拜访亲戚怎么会带很少的钱，连自己吃饭的钱都不够？再说，一般到外地拜访亲戚之前都会通知对方，对方一般也会去接应，又何至于迷路几天？现在的骗子，很多都是利用学生的同情心骗取学生的钱财。

考虑到女儿也是出于善心才帮助那位老奶奶的，王女士也没有责怪她，只是很担心，她现在已经马上要升入初中了，对这些骗子竟然还没有一点识别能力，很是让人焦急，要是以后离开了父母可怎么办？

很多孩子都有和事例中的女孩一样的情况，他们虽然有善心，却不懂如何辨别社会中的丑恶现象，这样就很容易被利用。孩子不能很好地识别社会中的丑恶现象，一般有以下几种原因：

孩子与社会接触太少。古人云："两耳不闻窗外事，一心只读圣贤书。"这是告诉孩子读书要用心。但是在当代，为了跟得上社会发展的脚步，"两耳不闻窗外事"是不可取的。孩子大部分时间只待在学校而很少与外界接触，没有社会经验，总以为外面的社会像学校一样安全。所以，当他们步入社会时，很容易上当受骗。

父母没有教孩子怎样识别丑恶现象。父母常常会告诉孩子"当有困难的人向你求助时，要热心帮助，或者看到有需要帮助的人时，也应该主动伸出双手"，却忘记告诉孩子"并非所有向别人求助的人都是真正需要帮助的人，这需要自己去判断"。孩子们虽然学会了助人为乐，但是没有学会判断哪些人是真的需要帮助，哪些人又是另有所图。

以上种种原因都可能导致孩子不能正确识别丑恶现象。如果孩子满心热情地给予别人帮助却发现被骗时，会给他们的心灵带来一定程度的伤害，让他们不敢再去帮助别人，甚至可能会带来一定的财产损失或威胁到他们的人身安全。

生活中，因被骗而损失巨大财产或受到人身伤害的案例有很多。所以，如果父母想让孩子在踏入社会时能够准确地识别出善恶美丑，那么不妨看看下面几点建议。

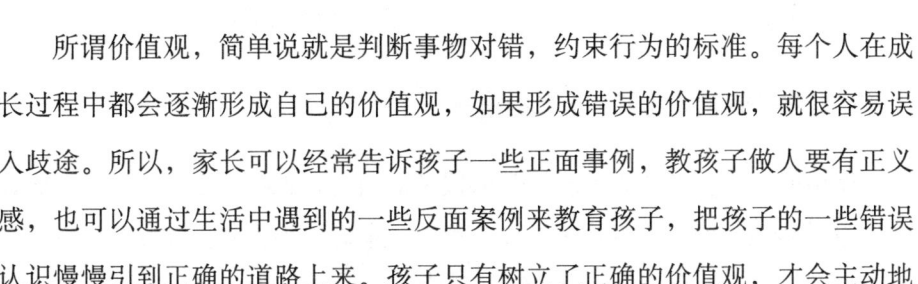

1. 帮助孩子树立正确的价值观，主动远离丑恶现象

所谓价值观，简单说就是判断事物对错，约束行为的标准。每个人在成长过程中都会逐渐形成自己的价值观，如果形成错误的价值观，就很容易误入歧途。所以，家长可以经常告诉孩子一些正面事例，教孩子做人要有正义感，也可以通过生活中遇到的一些反面案例来教育孩子，把孩子的一些错误认识慢慢引到正确的道路上来。孩子只有树立了正确的价值观，才会主动地远离不良信息。

2. 多给孩子接触社会的机会

如果孩子年龄还小，那么父母可以利用节假日的时间带他们出去旅游；如果孩子大一点的话，那么父母不妨让他们自己去游玩，比如去离家乡不远的城市或者远方的亲戚家。只有让孩子亲身体验与学校生活完全不同的社会生活时，孩子才有机会看到社会中的美丑善恶，从而提高警惕。

3. 从故事书中教会孩子分辨善恶

孩子都很喜欢听父母讲故事，而且还喜欢问为什么。这个时候父母要耐心地给孩子分析故事中哪些人物是善良的，哪些是邪恶的，哪些事情是值得学习的，哪些事情是不能效仿的。通过故事来提高孩子判别事物好坏的能力。当然也可以利用其他媒介，比如电视、报纸、网络等，通过这些媒介传播的一些英雄事迹等，教会孩子分辨善恶。

4. 别让孩子对自己太依赖

很多家长都会犯的一个错误就是，对孩子管得太多。从小对孩子事事包办，容易让孩子养成依赖性。孩子遇到问题时，觉得可以依靠父母，就不愿意自己动脑筋思考。孩子的惰性思想让他们很难对事物形成自己的看法和观念，也就无法在平时生活当中，锻炼出识别真善美的慧眼。

5.让孩子远离网络不良信息的侵害

网络的出现，在给人们生活带来便利的同时，也给了不法商家非法赚钱的渠道。他们在网络上发布各种虚假信息，虚假广告，有的甚至还发布一些暴力游戏、黄色视频等不良信息来诱导孩子们进入他们的圈套。

孩子在成年之前，他们的生活阅历不够，对事物的认识和判断往往不够成熟，做事也不够稳重，也没有较强的自制力，很容易被网络中的不良信息侵蚀。所以，家长们应尽量让孩子少去电玩城、网吧等场所，多带他们去图书馆、博物馆等地方，给他们创造一个文明的成长环境。

第七章

让孩子在勤劳中快乐成长

父母要做孩子勤劳的榜样

涛涛的爸爸工作很累，每天很晚才到家。以前早晨都是涛涛去叫他起床。涛涛每天都要喊好多声，可是爸爸依然起不来。过了一段时间，妈妈发现，涛涛早晨起床也变成了一件难事，像爸爸一样每天都得叫好多遍。

一天早晨，妈妈叫他起床："涛涛，快起床啦！早饭要凉了！"涛涛不作声，依然在睡觉。

过了一会儿，妈妈又喊："涛涛，你再不起床，上学就迟到了！"

涛涛不耐烦地说："妈妈，我再睡一会儿！"

"涛涛，你看看几点啦！每天叫你起床这么难啊！"

……

"涛涛，你到底起不起床？再不起，你爸揍你啦！"

"爸爸都还没起呢，怎么揍我啊！"涛涛说。

妈妈听到后，想：原来孩子变得这么懒是因为看到爸爸每天这样，所以他才学着赖床，父母不经意的行为对孩子有这么严重的影响啊！看来是该想个办法了……

涛涛这种赖床的现象在很多孩子身上都存在。孩子出现这样的问题是他们的依赖性强，父母的不良行为或是父母对孩子的积极行为不够重视等原因造成的。

首先，孩子眼中的父母是无所不能的，他们可以替孩子解决很多孩子难以完成的事，这使得孩子在日常生活中逐渐形成依赖性。其次，父母的一言一行孩子都看在眼里，记在心里，而孩子的是非分辨能力较差，会在日常生活不加分辨、选择地模仿父母的行为。最后，父母如果总是对孩子积极的劳动行为视而不见，没有对他们自觉做的事及时表扬，就会导致孩子对生活中很多事失去热情。

我们所说的勤劳只是要让孩子在日常生活和学习中做一些力所能及的事，改掉懒惰的习惯。但是有些家长认为这些都是小问题，他们长大以后自然就会改变。其实这样的想法不对。孩子形成懒惰习惯后，会不喜欢动脑筋思考问题，会使大脑变得越来越迟钝。懒惰的孩子在计划和安排事务等方面的能力也较差，生活自理能力也较弱。

在给孩子树立勤劳的榜样，帮孩子改掉懒惰毛病方面，有以下几点建议供家长们参考。

1.带孩子一起劳动

日常生活中，父母应多创造一些和孩子一起劳动的机会，这样可以让孩子看到父母是如何劳动的。比如，孩子可以和父母一起做饭，他们可以帮助父母洗菜、拿调料、收拾碗筷等，做一些力所能及的事，这样可以让他们在劳动中体现价值并得到快乐。孩子也可以和父母一起打扫房间，他的房间要求他自己打扫，要把玩具、日用品、衣服等摆放整齐，这样孩子不仅可以锻炼做事的能力，而且可以逐渐改掉懒惰的习惯，不再衣来伸手、饭来张口，做到自己的事情自己做，养成勤劳的习惯。或者，父母可以在农忙的时候带孩子去农村，和农村的亲戚朋友同吃同住。父母也可以带孩子到田地里，让他帮助人们做一些力所能及的农活，在工作完成后要及时地鼓励孩子，并告诉他农民每天做的工作是他的很多倍，但是他们不怕苦不怕累，所以他们才能在秋天得到回报，以此在孩子心中树立勤劳的榜样。

2.面对疲劳等困难，父母要有乐观精神

面对疲劳，父母不应该在孩子面前表现出不良的情绪，而是要以乐观积极的心态面对，把正面的能量传递给孩子，让孩子知道，爸爸妈妈每一天都很辛苦地工作，但是回到家仍然很开心，因为爸爸妈妈总是能从辛苦的工作中找到乐趣。而他每天上学写作业，也能从中找到快乐，用乐观积极的精神面对学习中的困难。父母可以在这方面有步骤地引导孩子，比如，面对作业要先易后难，循序渐进，这样之前不会的题目经过引导就很容易解决了。孩子有了榜样，才会在树立乐观精神这方面不断进步，改掉懒惰的毛病，变得越来越勤劳。

3.给孩子讲老一辈人勤劳的故事

讲故事对孩子来说是更容易理解道理的方法，而给孩子讲身边亲近人的故事，更有利于提高孩子的兴趣。父母可以给孩子讲老一辈人的故事，比如姥姥姥爷的故事，告诉孩子，姥爷从小就知道只有好好读书才能学到知识，成为有用的人，他每天刻苦学习，一直到很晚才睡，早晨又要早早起床，走很远的路去上学，在空闲时间还要帮家里做农活等。把老一辈人的故事讲给孩子，有利于孩子理解勤劳的重要性，并将长辈当作自己学习的榜样。

分清轻重缓急，让孩子做事有效率

小磊的妈妈正在做饭，突然电话响了。

"小磊妈妈，您好，我是小磊的班主任，我姓陈。"

"陈老师，您好。"

"今天打电话给您是想和您讨论一下小磊的事。"陈老师说。

"我家小磊是不是在学校惹祸了？"妈妈有些着急地问。

"没有，只是小磊在学校上课注意力不是很集中，经常和旁边的同学说话、做小动作，作业的质量也不是很好，成绩也下滑了。我和他好好谈了几次，效果不是很明显，所以想向您反映一下情况。"

"是吗？我平时忙于工作，在这方面缺乏对孩子的教育，您放心，小磊回来我一定好好和他谈一谈，不能再给老师添麻烦了。"

下午放学，小磊回家了。妈妈问他在学校有没有好好学习，他说："有啊，我上课很认真地听讲了。"

妈妈说："那老师讲了什么，你给我说一下。"

小磊默默地低下了头，不作声了。

妈妈生气地说："你们老师都给我打电话了，说你上课听讲心不在焉，作业中有很多错误，成绩都下滑了，你怎么回事啊？"

"这些又不是什么大事！"小磊不在乎地说。

"你说你，平时让你收拾自己的屋子都磨蹭，说一会儿再收拾，一推再推。在家拖拖拉拉就算了，在学习上怎么还这样，老师说你学习效率如果一直这么低，就很难跟上其他的同学了。养成磨蹭的习惯，以后可怎么办呀？"妈妈担忧地说。

像小磊这样做事总是拖拉的现象在很多孩子身上都存在。孩子出现这种问题的原因是注意力不集中，没有时间观念或缺乏兴趣等。

首先，孩子注意力分散导致做事效率低。他们没有把注意力集中在手头的事情上，比如，上课时总和同学说话、心不在焉，在完成作业时就出现了困难。

其次，许多孩子效率不高是因为没有时间观念。他们认为事情完成了就好，早一点晚一点没有关系，这就是有些孩子平时作业完成得很好，但是考试分数却不高的原因。

最后，孩子没有兴趣也会出现做事磨蹭，很多事情做不完的现象。家长总为孩子安排一些他们不喜欢的课程和辅导班，孩子在这方面没有兴趣，学习过程不快乐，效率也就低了。

我们所说的效率，并不是拿成年人的标准来要求孩子，让他们必须充分利用时间，做到事半功倍，而是让孩子在日常生活和学习中树立做事有效率的意识，改掉磨蹭的毛病。孩子在形成拖拉的习惯以后，不但会导致听课效率降低、成绩不理想，而且会影响到他们的自信心。在生活方面，孩子做事没有效率会导致自理能力下降，事情堆积得越来越多。

在提高孩子效率，帮助改掉孩子拖拉的习惯方面，有以下几点建议供家长参考。

1.激发孩子的竞争意识

在日常生活中，父母要注意培养孩子的竞争意识。比如，做事时对孩子说"儿子，咱俩比比谁洗脸快"或者"看看谁打扫卫生快，快的人有奖励哦，慢了可是要被罚的"。父母也可以让他和同龄小伙伴比赛，比如，谁可以更快地完成作业，谁能更快地回答出老师提出的问题等。这样，孩子的竞争心理就会慢慢地被激发出来，体会到竞争的快乐，同时养成做事有效率的好习惯。

2.让孩子在日常小事中体会到磨蹭的后果

孩子之所以做事磨蹭，就是因为他们体会不到磨蹭带来的后果。甚至有时，父母实在忍受不了孩子的磨蹭就直接代替孩子把事情完成了，这样就更加纵容了孩子的磨蹭。因此，让孩子承担磨蹭的后果，是改掉他的这一不良习惯的有效方法。

乐乐和小伙伴们约好，十点在他家门口集合，然后一起去放风筝。但是乐乐磨磨蹭蹭，一直收拾不完东西，小伙伴们催了好几次，他还是拖拖拉拉的。等到他出门的时候，小伙伴们都不见了，乐乐不高兴地回了家。

下午乐乐见到小伙伴，问："你们上午怎么不等等我？"

小伙伴们说："你太慢了，我们等了你那么久，下次再这样我们就不叫你了。"

"不会了！不会了！下次我一定快点，不会再让你们等我了。"乐乐着急地保证。

经过这一次小风波，乐乐终于明白了如果不按时赴约，就没有小朋友和他一起玩耍了。

父母也可以试着在日常生活中让孩子体会一下磨蹭带来的不良后果，这样可以让孩子自觉地反省该如何提高效率。比如，孩子每天早晨起来都磨磨蹭蹭的，父母要一遍一遍地催促他们抓紧时间，而他们仍然不紧不慢，那么父母就可以尝试让孩子按照自己的节奏做事，无论多慢都不要提醒，这样他们就要面临上课迟到，被老师批评的后果。一旦受到惩罚，孩子就明白了做事磨蹭的后果，自觉树立充分利用时间的意识，改掉磨蹭的习惯。

3.让孩子选择想要做的事，在兴趣中提高效率

兴趣是最好的老师，让孩子做他想要做的事，他的积极性就会大大提高，做起事来就不会那么磨蹭了。

雯雯从小就喜欢古筝，妈妈看她在这方面有兴趣，就给她报了古筝班。雯雯每天下了课都会高兴地和妈妈说今天学了什么曲子，她觉得一点都不难，学起来很有意思，还得到了老师的表扬。但是和她一起学习的小欣却觉得课程非常难，课上也心不在焉，回到家被迫花大把的时间去练习，但是却没有明显的进步。

像小欣这样，不仅没有从学习中得到收获，而且一直是事倍功半，最后导致古筝课成为她的负担。

父母都有望子成龙的心理，希望他们有一技之长，出人头地，所以许多家长给孩子安排了辅导班，钢琴、绘画、舞蹈、声乐等。但是很多孩子并没有学有所成，这主要是因为他们对所做的事没有兴趣，只是依照大人的意

愿去做，效率也很低，很难有所成就。家长可以让孩子依据他们的兴趣去选择想要做的事，这样他们会在自己喜欢的领域积极主动地学习，效率也会提高。家长在此基础上可以逐步引导孩子，在学习和生活方面养成高效率做事的习惯。

呵护孩子的劳动积极性

今天小贝在学校学习了《劳动最光荣》这篇课文，它告诉孩子们，要做一个勤劳的人，快乐是可以在劳动中获得的。老师鼓励大家，回家以后要尽可能多帮助父母做些家务，体会劳动的滋味。小贝在心里也暗暗下了决心，回家以后多劳动。

小贝回到家，看到妈妈心情不太好，问："妈妈，你怎么了？"

"没事，你赶紧去做作业吧！"妈妈冷冷地说。

小贝想："妈妈可能是工作太累了吧，每天早出晚归，回家还要照顾我，太辛苦了，我得赶紧写作业，待会儿多帮妈妈做点事。"

小贝回屋以后，迅速地写完了作业。看到妈妈在做饭，满脸的疲惫。小贝主动地收拾了餐桌，把垃圾倒了，妈妈看了一眼，却没有说话。

吃完饭后，小贝准备把碗筷收拾到厨房，可是一不小心打破了一只碗。妈妈闻声跑了过来，把在工作中的怨气都撒在了小贝的身上，说道："不会干就别干，逞什么能啊，该做的不做，不该做的瞎做！赶紧回屋写你的作业去！"

小贝听到后很委屈，明明是关心妈妈，想帮妈妈减轻负担，却被认为是在帮倒忙。小贝想：以后再也不劳动了。然后他眼泪汪汪地回屋了。

除了小贝，许多自觉劳动的孩子都遇到过这种情况。孩子的劳动积极性不高是父母对孩子过分保护，对孩子的劳动视而不见，以及他们对孩子的错误过度指责等原因造成的。

首先，父母对孩子过分疼爱，使他们对劳动失去积极性。许多家长总是一手包办孩子力所能及的事，在孩子想要尝试劳动时，父母也会因为担心他们受伤而拒绝他们的要求，这就使孩子失去了劳动的热情。

其次，父母对孩子的劳动视而不见，没有作出及时的鼓励，也会使孩子的劳动积极性减弱。孩子在日常生活中，会学着父母的样子去劳动，像扫地、擦桌子等。但是父母却不以为然，没有作出及时的表扬，孩子的劳动没有得到认可，长此以往其劳动积极性就会受到打击。

最后，父母对孩子在劳动中出错的行为过度地指责，也会导致孩子对劳动失去积极性。孩子出错是正常现象，但是有些父母对孩子在劳动中失误过分责备，导致孩子产生不良情绪，觉得自己一无是处，劳动的积极性也下降了。

可见，并没有天生懒惰的孩子，许多家长没有保护好孩子的劳动积极性，导致他们对劳动产生了消极的情绪。因此，家长应该从小培养孩子的劳动积极性，呵护他们劳动的热情，有以下几点建议供家长参考。

1.家长为孩子准备适合他们的劳动工具

父母可以为孩子购买一些适合他们的劳动工具，让孩子喜爱上这些"玩

具"的同时来提高他们的积极性。

　　慧慧在家，看到妈妈总是劳动：扫地、拖地、擦桌子……她也模仿妈妈的样子，拿着扫帚在地上扫。但是扫帚又重又大，慧慧总是拿不好，还容易摔跤。妈妈见状，从超市给她买了适合她的扫帚和拖布，对慧慧说："慧慧长大了，都能帮妈妈干活了。你看，妈妈给你买了你的劳动工具，这样你就可以每天和妈妈一起劳动了。"慧慧听了特别高兴，每天都和妈妈一起劳动，把房子打扫得干干净净。

　　像慧慧妈妈这样，为孩子购置一些适合他们的劳动工具，孩子在劳动中不仅不会受伤，而且劳动的积极性也得到了呵护，可以从劳动中得到快乐。许多家长过分保护孩子，怕孩子在劳动中受伤，就不让他们劳动，这样做是不利于提高孩子的劳动积极性的。家长可以在日常生活中为孩子准备适合他们的工具，比如小扫帚、小拖布、小垃圾桶等，这样不仅可以锻炼他们的动手能力，而且可以让孩子体会到劳动的乐趣，提高他们的劳动积极性。这样孩子对劳动就会越来越感兴趣，养成良好的热爱劳动的习惯。

2.家长对孩子劳动的失误不要过分责备

　　父母对孩子的劳动要及时地鼓励，不能视而不见，也不能因为孩子在劳动中出了错就横加指责，更不能动手打骂孩子。孩子对劳动有好奇心，并想要尝试着去做，这时父母应该重视起来，比如孩子擦了玻璃，父母就应该及时表扬："宝宝长大了，都会干活了！看，玻璃擦得多干净啊！"孩子得到表扬就会感到自豪，同时他们的劳动行为得到认可，积极性就会提高。但是如果孩子出了错，父母就指责打骂，只会让孩子因为害怕在劳动中犯错误，而不再尝试劳动，积极性就逐渐降低了。

3.给孩子一定权利，让他处理家中事务

小雨的妈妈是幼儿园的老师，对教育孩子得心应手。但是最近，妈妈发现小雨的劳动积极性不高，总是不愿意劳动，妈妈就想到一个办法。

一天，妈妈把小雨叫到身边，说："小雨，你来做一天的小主人怎么样？"

小雨听到后立刻兴奋起来，说："小主人？那我什么都可以指挥吗？"

妈妈说："小主人可不是单单指挥别人的，你要把家收拾得干干净净，整整齐齐，这样才有资格指挥别人啊。做好了有奖励，做得不好可是要受惩罚的。"

小雨高兴地说："好的，妈妈，我要做小主人！"

小雨在这一天表现得特别积极，又扫地又擦桌子，看到爸爸把垃圾随意地扔在桌子上，小雨还严厉地批评了他，爸爸也向小雨保证，以后一定把垃圾扔在垃圾桶，还让大家监督他。

从这以后，妈妈经常让小雨当家里的小主人，小雨劳动的积极性越来越高。当孩子积极性不高时，父母可以安排一些有意思的任务，以此来提高孩子的劳动积极性，这样，不仅可以调动他们劳动的热情，而且还可以让他们在劳动中收获快乐。比如，可以让孩子监督爸爸妈妈懒惰的行为，一旦他们出现这样的情况，就要勇敢地指出来，父母也要及时认错，给孩子正面的影响。孩子在这个过程中会分清好坏，自己也会自觉地改掉懒惰的毛病，养成

热爱劳动的好习惯。

让孩子在社会实践中学会勤劳

班主任带着三年级二班的学生去给敬老院打扫卫生，小龙因为个子高，老师安排他擦高处的玻璃，但是他磨磨蹭蹭，一直不去干活。老师看到了，问："小龙，给你安排的任务完成了吗？"

小龙摇摇头。

"那你为什么不抓紧时间完成？"老师说。

小龙说："在家的时候我都不干活，我不会擦玻璃！"

老师生气地说："那你没有看到别的同学都在干活吗？他们怎么会啊？那你进屋去扫地吧！"

"我不要扫地！"小龙说。

"为什么？不会扫地吗？"老师问。

"电视里说，扫地会把尘土吸进肺里，对身体不好。"

老师听到这些，心想：现在的孩子真是被宠坏了，连简单的劳动都做不了，还用各种理由来逃避，这样下去对今后是有很大影响的……

很多孩子都像小龙一样，平时养成不爱劳动的习惯，遇到社会劳动的时候还逃避，他们出现这样的问题，是父母对孩子过分保护、教育方式不当、孩子缺少责任感等原因造成的。

首先，随着家庭条件越来越好，孩子又是家中唯一的宝贝，家长对孩子的疼爱是只会多不会少的，因此造成了家长对孩子的过度保护。其次，父母对孩子的教育仍然停留在"两耳不闻窗外事，一心只读圣贤书"的阶段，只要求孩子好好学习，除此之外的事与他们无关。最后，有些孩子单纯地认为，只要做好自己的事就行，对别人的事没有责任。

孩子没有在社会上实践过，思考问题就会坐井观天，遇到事情时身心的承受能力就很弱。孩子一旦养成懒惰的坏习惯，做事时就会表现出懒散的态度，形成习惯以后，孩子可能会变成一个冷漠自私，不愿与人合作的人。

每个孩子将来都必须离开家庭，进入社会，只有多给孩子增加社会实践的机会，逐渐地培养他们的责任感和进取心，才能养成孩子勤劳的好习惯，让孩子适应社会生活，不被淘汰掉。在帮助孩子从社会实践中学会勤劳方面，有以下几点建议供家长参考。

1.让孩子去图书馆做义工，帮忙整理书籍

图书馆有很深厚的学习氛围，让孩子去图书馆做义工，会让孩子受益匪浅。

露露放暑假了，老师留了一项社会实践的作业，让孩子们到社会中找一些自己感兴趣而且力所能及的事情做，并且写下自己的感想和心得。

露露很喜欢书，就到了图书馆做义工。她的任务是负责把分好类的书放到相应的小车上，然后推到书架前。露露觉得这个工作很简单，但是跑了几个来回她就觉得很无聊，不想再动了，做事也慢了下来。

一个管理员看到后，说："露露，既然你来这里工作了，就要把事做好，不能磨磨蹭蹭，更不能偷懒，否则，这样下去工作会越积越

多的。"

露露说："对不起，我知道错了。"

管理员说："没关系，你只要抓紧时间，这点工作一会儿就做完了，有了空闲的时间，你还可以找一些自己喜欢的书来读……"

晚上，露露在自己的作业本上写下了这样的话："今天我去图书馆做义工，领导分给我的任务是把书放在小车上，然后推到相应的书架前。工作很简单，但是跑了几趟我就不想动了，觉得没有意思，做事也慢了，开始偷懒。一个管理员对我说，做事要勤劳，不能偷懒，否则事情只会积压得越来越多……经过这件事，我深刻地认识到自己懒惰的毛病，这样下去只会浪费大量的时间，而且一事无成。只有改掉这个毛病，变得勤劳，很多事才能做好……"

露露经过这次社会实践，在学习和生活上变得越来越勤奋了。家长也可以试着让孩子去参加一些他们力所能及而且感兴趣的社会实践，比如送报纸、收集废旧物资、干农活等，这样不仅锻炼了孩子劳动的能力，让他们体会到了工作的辛苦，而且从中培养了他们的责任感，让他们变得勤劳。

2.让孩子在环保调查中体验劳动

环保调查也是一项很有意义的实践活动，家长可以让孩子尝试参加。

老师给每个小组都留了一个社会实践的小作业，小海和几个小伙伴的题目是了解垃圾投放的情况。小海和小伙伴们分成几组，对垃圾的投放情况进行了记录。他们在垃圾桶旁站了三个小时，腰酸背痛，但是都没有喊累，因为他们看到环卫工人特别辛苦：他们要把路上和绿化带

中的垃圾都仔细地捡起来，还要把垃圾桶里分错类的垃圾挑出来。小海想："叔叔阿姨太辛苦了，以后我再也不随便扔垃圾了！有时间要去公园里做清洁工，把我们生活的环境变得越来越干净。"

像小海一样，家长们也可以试着用这样的办法来教育孩子，比如让他们了解水的利用情况，电的使用情况等，这样孩子不仅会反思自己的不足之处，还会体谅别人的辛勤劳动。孩子参加的社会实践活动多了，责任感和道德感也会得到提高，也会自觉地劳动，变得越来越勤劳，并从中得到快乐。

3.带孩子去献爱心，帮助残疾人

家长可以带着孩子去献爱心，帮助工作人员照顾残疾人，例如打扫房间、整理衣物等。通过这样的活动，让孩子看到别人因为自己的付出和劳动得到了快乐，他们自己也会十分开心，体会到劳动的价值，同时也培养了他们的同情心和责任感。时间久了，孩子自然就会养成勤劳的习惯，并懂得用乐观的心态做事，快乐地成长。

教孩子体会到劳动的快乐

悦悦和乐乐是一对五岁的双胞胎，但是两姐妹差别很大，姐姐悦悦经常帮妈妈做一些力所能及的家务，而妹妹乐乐却衣来伸手、饭来张口，连自己的事都懒得做，对劳动更是一点兴趣也没有。

一天，妈妈说："今天我们吃饺子，谁要和妈妈一起包？"悦悦听到后很开心地说："妈妈，我来帮你！"

妈妈看到乐乐没有作声，说："乐乐，你不来帮妈妈吗？"

乐乐说："妈妈，我不喜欢包饺子，待会儿动画片要开始了，我还要看呢！"

"乐乐，包饺子很有意思哦，你可以和姐姐一起学着包！"妈妈说。

乐乐说："包饺子才没有意思呢，一点都不好玩，我待会要看动画片，明天还要和小朋友们一起讨论呢……"

妈妈听到以后不禁担心起来，想："双胞胎的习惯相差得也太大了吧，乐乐要是养成不喜欢劳动的习惯，对自己以后会有很大影响的……"

像乐乐这样对劳动缺乏兴趣的孩子有很多，他们出现这样的情况是因为他们视劳动为苦差事，没有体会到劳动带来的快乐，不尊敬热爱劳动的人等原因造成的。

首先，有些父母对孩子太过疼爱，甚至溺爱，导致孩子越来越没有劳动的意识，认为劳动就是受苦受累，不愿去尝试劳动，导致他们开始逃避劳动。其次，孩子尝试劳动却没有从中得到快乐，时间久了，他们就逐渐失去了劳动的兴趣，不再热爱劳动。最后，有些孩子不仅自己不劳动，还认为他人的劳动是应该的，不尊敬热爱劳动的人，没有把他们当作学习的榜样，缺乏劳动的意识。

孩子不愿意劳动，时间久了，就会变得越来越懒惰，学习上不努力，导致成绩下降；在生活方面，孩子懒惰就会处理不完手头的事情，生活变得没有条理，自理能力也会变差。孩子从小养成不爱劳动的习惯，长大以后主动性就会很差，处理工作和生活中的事时效率就会很低，严重影响自己的生活。

所以，孩子养成热爱劳动的习惯很重要。孩子树立了劳动的意识就会及时处理在学习和生活中遇到的问题，做事情也会变得越来越有条理。孩子养成热爱劳动的习惯，做事时也会更加努力，从而看到劳动的价值，在劳动中得到快乐。

在帮助孩子树立劳动意识，养成热爱劳动的习惯方面，有以下几点建议供父母参考：

1.给孩子讲名人勤劳的故事

前文已多次提到给孩子讲故事的方法，把道理融入故事中，让孩子通过故事更容易理解并接受道理。

鹏鹏是一个不喜欢劳动的孩子，无论是在学校还是在家里，一到劳动的时间，他就用各种理由推脱，然后去外边玩。妈妈和老师给他讲了很多道理，他一点也听不进去。

一天晚上，妈妈给他讲了雷锋的故事。

"鹏鹏，你知道雷锋叔叔是谁吗？"妈妈问。

鹏鹏摇摇头。妈妈说："雷锋叔叔是一个热爱劳动的人，他经常帮助老人砍柴，帮助战友干活。有一次，他肚子疼，但是看到建筑工地上正在给小学盖大楼，雷锋马上推起一辆小车，加入运砖的队伍中去了，到了中午，他的衣服都被汗水湿透了。"

"妈妈，他肚子疼为什么还要劳动呢？"

"因为雷锋从劳动中可以得到快乐啊！"妈妈说。

"怎么得到快乐？"鹏鹏着急地问。

妈妈说："鹏鹏别着急，听妈妈慢慢告诉你。雷锋叔叔帮助别人干活，别人就会很感谢他，他看见了自己的劳动帮助了别人，自己劳动的价值得到体现，心里也会很开心，所以无论他在什么情况下都要去劳动啊。"

妈妈看到鹏鹏认真地听着，继续说："就像鹏鹏帮助了妈妈打扫卫生，妈妈就会觉得鹏鹏长大了，替鹏鹏高兴。而且因为鹏鹏劳动了，整个屋子都变得干净了，鹏鹏会不会很开心啊？"

"嗯！"鹏鹏肯定地点了点头，说："妈妈，以后我一定多劳动，像雷锋叔叔一样！"

自从听了雷锋叔叔的故事，鹏鹏变得越来越爱劳动。家长也可以用这样的方法教育孩子，多给孩子讲一些名人劳动的故事，给孩子树立榜样，提高他们劳动的意识，看到劳动的价值，这样既可以让孩子在劳动得到快乐，同时也继承了中华民族勤劳的传统美德。

2.给孩子创造愉快的劳动环境

家长可以试着让孩子在愉快的环境中劳动，这样他们就会觉得劳动更像是在玩耍。比如，让孩子帮忙扫地，家长可以在隐蔽的角落放一些玩具或是零食，孩子扫地仔细的话，就会发现这些东西，得到奖励。长此以往，孩子不仅可以在劳动中得到了快乐，逐渐喜欢上劳动，而且还可以培养他们做事认真的习惯。

3.对孩子进行"厨房教育"

父母可以尝试和孩子一起做饭，让孩子参与到其中，比如，询问孩子想要吃什么，和他一起去买菜，然后让孩子择菜、洗菜、拿调料，询问孩子要放多少调料，要如何炒菜等，这样做饭的过程就会很有趣，孩子对做饭也有了兴趣，不会再"饭来张口"了。吃饭时，也要及时肯定孩子今天的劳动，他们就会有自豪感，认为劳动是有意义的。家长可以从做饭这方面逐步引导孩子，在生活中培养孩子参与劳动的习惯，让孩子不再袖手旁观。孩子不仅可以得到锻炼，改掉懒惰的习惯，而且可以从中得到快乐。

鼓励孩子自己挣零花钱

明明今年八岁，已经上二年级了。家人都很宠爱这个独生子，平时什么都不让他做，他的要求也尽量满足。

明明喜欢吃零食、买玩具，因此经常向家里要钱。每次明明要钱的时候，爸爸妈妈都会毫不犹豫地把钱给明明，也不问明明要钱干什么，而且要多少给多少。久而久之，明明养成了花钱大手大脚的习惯，不管什么东西都是看中了就买，偶尔父母不同意，他便大哭大闹。

由于爸爸妈妈对明明的事总是大包大揽，什么都不让他做。他平时也不爱劳动，值日时总是把自己的任务推给别人，还会给自己找各种借口。有一次，轮到明明擦黑板，可懒惰的他却没擦。老师发现后狠狠地批评了他。

造成明明懒惰、乱花钱的原因是多方面的。首先，孩子年龄小，难免会有些怕苦怕累；其次，明明的父母对他的事大包大揽，没有培养他爱劳动的好习惯；最后，在零花钱方面，明明要多少爸妈便给多少，不加节制，这样的方式让他养成了花钱大手大脚的习惯，不懂得体谅父母。长期如此，孩子不仅自理能力差，还会变得懒惰，不爱劳动，花钱不加克制，没有正确的金钱观，这对孩子的成长是十分不利的。

著名的教育家陶行知先生指出："我们深信生活是教育的中心。劳动的生活即是劳动的教育。"培养孩子热爱劳动的习惯是非常重要的。劳动不仅可以锻炼孩子的动手能力，让孩子学会自理，还能让孩子体谅到父母的辛劳。

在给孩子零花钱的问题上，很多家长都不知道该怎么给，给多少。只有适当地给孩子零花钱，才能培养孩子正确的金钱观。因此，家长可以让孩子通过劳动来赚取自己的零花钱，这样不仅培养了孩子勤劳的好习惯，也让孩子学会了珍惜金钱，不乱花钱。

1.让孩子做些力所能及的家务来赚取零花钱

让孩子通过做家务来赚取零花钱，是一种激励孩子的手段，可以让孩子提高劳动积极性。

毛毛是个一年级的小学生，别看他年龄不大，动手能力却很强，经常帮着妈妈做些家务，洗衣服、扫地都做得像模像样，在学校里也经常帮老师和同学做些事情，值日时更是把教室打扫得干干净净，从不偷懒。而且，与别的小朋友不同的是，毛毛很少吃零食，他的零花钱都用来买文具和课外书，从不乱花。大家都很羡慕毛毛的父母，认为他们有一个懂事勤劳的好孩子。

原来，为了让毛毛知道金钱的来之不易，培养毛毛爱劳动的好习惯，毛毛妈妈和毛毛达成了一个"协议"：毛毛通过做家务活来为自己赚零花钱。比如，毛毛每拖一次地妈妈就会给他五角钱，刷一次碗也会得到相应的报酬。渐渐地，毛毛比以前更爱劳动了，也知道了赚钱的不易和父母的辛苦，所以他从不乱花钱，有时还会"免费"帮妈妈做些事。

毛毛的妈妈通过让毛毛做些家务来赚取零花钱的方式，不仅使毛毛体会了赚钱的不易，学会了不乱花钱，还让毛毛知道了劳动的快乐，锻炼了动手能力和自理能力，学会了热爱劳动，成为一个勤劳懂事的好孩子。

给孩子布置一些力所能及的家务活，待他们完成后给予相应的报酬，这样做可以唤起孩子的兴趣，让孩子更有劳动的动力。在这个过程中，孩子不仅学会了做家务，自理能力得到提高，对金钱也有了具体的概念：金钱是和劳动对应的。这有助于孩子养成不乱花钱的好习惯。

2.要让孩子分清义务劳动与有偿劳动

让孩子通过做家务来赚取零花钱，有时会让孩子走向另一个极端，那就是凡事都与父母讲价钱，这就需要让孩子分清义务劳动与有偿劳动，不能事事都与金钱挂钩。

小宁是个聪明伶俐的孩子，已经上幼儿园了。可她总是让妈妈帮她穿衣，喂她吃饭。有一次，小宁又哭闹着让妈妈给自己穿衣服，为了培养她的自理能力，妈妈对小宁说："小宁，今天自己穿好不好？等你穿好了，妈妈就奖励你一块钱。"一听会奖励自己钱，小宁马上就不哭不闹了，自己穿好了衣服，从妈妈手里接过了奖励。

妈妈看这种方法对小宁很管用，便决定继续下去。不管小宁做了什么事，妈妈都会奖励她零花钱。甚至当她自己吃饭，没让妈妈喂也会得到奖励。渐渐地，小宁变得特别看重钱，不管爸爸妈妈让她做什么事，她都会向爸妈要钱。有一次，妈妈生病在家休息，让小宁给自己倒一杯水，没想到小宁竟然说："先把钱给我，不然我是不会管的。"妈妈被气得无言以对。

小宁妈妈的出发点是好的，希望小宁在金钱的鼓励下能够自己动手，提高自理能力。但她却没让小宁分清义务劳动与有偿劳动。自己穿衣和吃饭本是孩子自己的义务，是他们应该自己做的事，可小宁的妈妈却对此给予报酬。久而久之，小宁形成了错误的金钱观，认为任何劳动都会换来金钱，都该得到报酬，于是便事事提钱，如果不给钱就不会做任何事，即使是自己本就该完成的事。

从上述事例中可以看出，在让孩子通过劳动赚取零花钱的过程中，一定要让孩子分清义务劳动与有偿劳动，让孩子明白哪些事是自己本来就该做的，即使没有奖励也该主动完成。只有这样，才能培养孩子正确的金钱观和热爱劳动的品质。

3.任务完成得不好时要适当"克扣"

让孩子通过做家务来赚取零花钱，也要让孩子明白，任务如果完成得不好，质量不过关，是要扣掉部分报酬的。这样可以防止孩子偷懒或应付。

浩浩上一年级了，妈妈让他通过做家务来赚取零花钱。这天，妈妈让浩浩扫地，并承诺拖完地会给他相应的报酬。浩浩一心想着跟小朋友

去外面踢球，就马马虎虎把地扫了一遍，很多地方都没有扫干净。浩浩想："反正我扫过了，妈妈答应只要我扫完就会给我钱的。"然后浩浩便去踢球了。

踢完球回到家后，浩浩便去找妈妈拿自己的"工资"。可妈妈却只给了他一半工资，妈妈对他说："浩浩，今天的任务你完成得不好，地没有扫干净，所以妈妈要扣你一半工资。以后都是这样，只有很好地完成任务才能拿到全部工资，知道了吗？"浩浩点点头。

从那以后，为了领到全部的工资，浩浩总是不折不扣地完成妈妈布置的所有任务。这样的好习惯也影响了他在学校的表现，老师的作业他总是按时完成，而且写得很认真；卫生值日时他也很好地完成了自己的任务，从不偷懒。大家都说他是个勤劳认真的好孩子。

浩浩的妈妈通过适当地"克扣"工资，让浩浩意识到了认真完成任务的重要性，养成了做事认真负责、劳动不偷懒的好习惯，也会更加珍惜来之不易的金钱。

孩子不认真劳动时，家长不能随意迁就，觉得差不多了就给孩子奖励，而应适当克扣他们的工资，让孩子知道不认真劳动的后果，从而培养他们认真做事的好习惯。

第八章 让孩子向前看，培养积极上进的精神

用荣誉感激励孩子积极上进

莎莎是个漂亮的小女孩，走路的时候也蹦蹦跳跳的，像个跳舞的小天鹅。在上小学之前，莎莎脸上总是挂着灿烂的笑容，邻居们都特别喜欢她。

莎莎的妈妈是一名语文老师，爸爸是一名律师，他们准备让她以后出国留学，所以对她的学习很看重，每次考试都希望她能名列前茅。可莎莎的成绩一直平平，她总喜欢参加学校里的一些课外活动。领舞让莎莎感觉很自豪，但她妈妈很担心其他事会妨碍她的学习，总和她说别再参加什么乱七八糟的活动了，只有好好学习才能有真本事，以后考大学看的是成绩。

莎莎很听话没有再参加，但总爱在家看一些明星唱歌跳舞的节目，妈妈也觉得很浪费时间："看他们有什么用，都是些不着调的人，过的都不是正常人的生活，你以后也要那样吗？"

莎莎回到屋里哭了，之后，莎莎的生活里只有学习，成绩却一直不见起色。妈妈总生气地埋怨她："你怎么就这么懒，不用功以后怎么出国留学？"

"你怎么就学不会，怎么那么笨啊？"

……

妈妈唠叨久了，莎莎也无所谓了，每天只是默默地学，可成绩仍然不见起色。她又很少出门，邻居们再也没见到过她可爱的笑容。

莎莎的父母觉得孩子的成绩总不好，可能需要用礼物激励一下，便答应给她买好多漂亮的衣服鼓励她考个好成绩。但莎莎觉得自己穿什么都不好看，无所谓，也没人看自己，而且自己学也学不会肯定考不好。

父母看着莎莎的成绩一直不好很着急，看到女儿每天闷闷不乐的没什么精神更是担心她的健康。

很多父母都和莎莎的妈妈一样望女成凤，但没有认识到孩子能否积极上进也在于父母从小对他们的引导与培养。在孩子成长的路上，很多家庭都会遇到类似的问题，那么导致孩子不求上进的具体原因有哪些呢？

首先，父母没有给孩子建立适当的长远目标和近期目标。父母的要求与孩子的能力优势不同，或者父母的要求高于孩子目前的能力范围。孩子经常达不到父母的要求，就会失去信心，消极颓废。

其次，父母的惩罚方式简单粗暴。自尊是孩子发展的基础，父母忽视了孩子的自尊心，简单粗暴的惩罚导致孩子荣誉感淡薄，不积极上进。父母错误的观念也可能导致误认为孩子只有走自己给他们安排的路才算积极上进。故事里莎莎的妈妈不尊重莎莎，就没有给孩子追求兴趣的权利。现在，很多家长都认为学习成绩好才代表着积极上进，其实只要能发挥孩子的优势，孩子就一样可以有所作为。

最后，父母不恰当的激励方式。父母要明白物质奖励不是万能的，物质激励不能代替精神鼓励。故事里的莎莎就是因为没有得到父母的肯定，缺少自信，所以感觉自己穿什么都不好看。

荣誉感是一种强大的精神力量，不仅能带给孩子快乐，而且是孩子不断进步的动力。但是当孩子的荣誉感得不到强化时，其上进心就会减弱。

1. 保护孩子的自尊心

家长过分批评孩子，会伤害孩子的尊严，经常批评孩子，孩子会成为"厚脸皮"。当孩子对什么都不在乎的时候，更不会积极上进。孩子只有懂得了自尊才会追求更高的荣誉感，才会积极上进。

因此，家长要学会尊重孩子的选择，保护孩子的自尊心，平等地与孩子交流。惩罚孩子的时候要注意方法，有理有据，适可而止。像莎莎的妈妈那样忽视孩子的感受，强迫莎莎做自己不愿意的事，只会让她消极颓废。

2. 让孩子体会到荣誉感带来的快乐

家长要了解孩子，发现他的兴趣，在他擅长的方面多给予肯定，让孩子体会到荣誉感带来的快乐，带孩子多参与和他们的兴趣有关的活动是一种不错的方式。

> 晶晶声音甜美，特别爱唱歌给爸爸妈妈听。所以，晶晶的妈妈带她去参加社区里的儿童歌唱比赛，出人意料的是晶晶拿了金奖。晶晶特别开心，以后还想多多参与这种活动。妈妈也感到很自豪，没想到自己的孩子能这么优秀。

父母鼓励孩子展示自己的优点，可以帮孩子树立信心，孩子积极上进的动力会越来越足。

3. 鼓励孩子弥补自己的不足之处

当孩子在某个方面获得荣誉后，就又会想在其他方面取得成绩，获得别人的肯定。

那次儿童歌唱比赛之后，晶晶的妈妈感觉她的数学不是很好，也想让她参加竞赛锻炼一下。果然，晶晶这次没有取得名次，但晶晶和妈妈说以后有机会还要再来试一试。

可见荣誉感带来的快乐能让孩子积极上进，不断发展自己，追求更高的目标。在孩子成长的重要阶段，父母要注意培养孩子的荣誉感。在培养孩子荣誉感的时候，父母要注意不能让荣誉感变成孩子追名逐利的借口，造成孩子与人攀比，过分虚荣。父母要用正确的荣誉观引导孩子，告诉孩子该以什么为耻以什么为荣，这样荣誉感才能成为孩子向上的动力。

当孩子遇到挫折时鼓励他上进

小晖是一个开朗的小男孩，他才上小学兴趣爱好就特别多。看到别人滑滑板，他想学滑板；看到别人弹吉他，他想学吉他；看到别人骑车很帅，他也想学骑车。他常常是看见什么回家便吵着要妈妈给他买。

小晖的妈妈看小晖这么好学便都给他买了回来，谁知他都是三分钟热度，跟着哥哥姐姐们学了几天就把东西丢在一边。妈妈问他："小晖，你不是喜欢滑滑板、弹吉他、骑车吗？妈妈可都是给你买的最好的东西，你不好好学那我就都扔了啊！"小晖哪管妈妈生气，自己理直气壮地说："那就扔了吧，反正我学不会了，滑滑板、骑车总是摔倒，疼死我了，弹吉他我又总找不着音调，弹得难听死了。"妈妈听小晖这么说更生气了："你就是个败家子啊，学不会还要买，这不是白白浪费钱吗？"小晖也很郁闷地说："那我以后什么都不要，什么都不学，总行了吧！"

在这之后，小晖真的什么也没让妈妈再买过，妈妈很奇怪，但也没问小晖，以为他真的什么都不想要了。其实小晖一直很困惑，他总在想：自己真的很差劲吗？为什么学什么都学不成？同时他又有点内疚，让妈妈白花了好多钱。久而久之，原本爱好广泛的小晖对什么都没了兴趣，整天就知道打游戏，和一帮"游戏高手"混在一起，他感觉只有在打游戏的时候自己才快乐。小晖的妈妈明白小孩沉迷于网络游戏很可怕，便把家里的电脑设置了密码，没想到小晖竟然偷了自己的钱跑去网吧打游戏。

等小晖回家之后，妈妈狠狠地教训了他一顿，但没过几天，小晖又开始去网吧打游戏。小晖的妈妈不知道该怎么办，很是着急，担心他才上小学就沉迷于网络游戏，毁掉自己的一生。

孩子成长的路上不可能一帆风顺，学会面对挫折是每个孩子必上的一课。挫折对于孩子的成长是一个硬币的两面。引导孩子积极对待挫折，孩子可能会越挫越勇；顺其自然，任凭挫折打击，孩子可能就会一蹶不振。就像故事里的小晖，小小的失败就让好学的他沉迷在了网络游戏里。孩子们面对挫折不能积极上进的原因可能有以下几点。

首先，孩子的心智尚未成熟。孩子心理脆弱，没有经过生活的磨砺，不能正确认识挫折。而且孩子的自控力差，面对挫折很容易放弃。当小晖没有了学习热情，认为自己不能进步，他就丧失了继续学习的信心，就是一个很典型的例子。

其次，孩子的消极情绪无法排遣。孩子们的自我调节能力差，很容易被消极情绪左右。当孩子遇到挫折时会产生担忧、惧怕等不良情绪。如果家长不能及时发现他们的心理变化，他们就会感到无助，认为自己无法战胜挫折。故事里的小晖学特长遇到困难时，妈妈只是很生气地责备小晖，没有认真倾听他对失败的烦恼。所以，小晖的消极情绪一直困扰着他，让他从此一蹶不振，最后只能借网络游戏寻找快乐。可见没有家长细心的关心和耐心的帮助，孩子很难排除消极情绪，成功战胜挫折。

最后，孩子面对失败时往往找不到解决的方法。孩子的分析能力弱，使得他们很难看出自己为什么失败，自己的不足在哪里。而且孩子没有过多的生活经验，对事物不能准确判断和正确处理。所以，孩子需要家长的引导才能找到战胜挫折的方法。

下面几条鼓励孩子积极上进，帮助他们战胜挫折的建议供家长们参考。

1. 家长要宽容对待孩子的挫折

孩子遭遇失败和挫折是很正常的事，家长要宽容对待，不能太过严厉或以太过严格的标准来要求孩子。

诗诗是个勤快的小女孩，看着妈妈洗碗的时候自己也想帮忙。

"妈妈，让我来洗自己的碗吧！"诗诗主动要求。

妈妈当然很高兴："行啊，给你。"

谁知诗诗手一滑，没抓好，把自己的小碗摔碎了，内疚地哭了。妈妈赶忙说："没事，没事，下次拿好了再洗，给你洗妈妈的碗吧，改天再给你买个新碗。"

这次诗诗小心地拿着碗，站在小板凳上认真地洗着。

正是因为有了妈妈的安慰和鼓励，诗诗才乐意继续帮妈妈洗碗。孩子有了被爱的感觉，才有动力坚持到底。家长要用爱鼓励孩子积极上进。当孩子遇到挫折时，他们首先需要的是安慰，而不是批评与惩罚。所以家长要体谅孩子的心情，谅解孩子的失败，多给孩子尝试的机会。

2.带孩子走出失败的阴影

如果某次失败给孩子的打击特别大，孩子特别害怕再做类似的事。那么家长首先要帮助孩子走出失败的阴影，继而鼓励孩子积极上进。

家长可以转移孩子的注意力，让他看到事物美好的一面，以帮孩子走出阴影；还可以带孩子去和小伙伴们做游戏，等孩子忘记了失败的打击，消极情绪不再那么强烈时，再鼓励他继续尝试。

家长还可以带孩子看一些励志的动画片、儿童电影。孩子们看到这些勇敢坚持的小英雄，会受到影响，从中获取力量。这样孩子很快就可以走出失败的阴影，学着积极上进。

3.鼓励孩子寻找成功的方法

面对挫折，孩子产生消极情绪是认为自己找不到好的解决办法。因此，家长要鼓励孩子积极寻找成功的方法。比如，让孩子多实践几次，寻找成功的窍门；让孩子虚心向成功的小伙伴学习；让孩子多和老师交流寻求成功的方法；家长了解孩子的想法后帮助孩子做他确实做不到的事情。这样，孩子面对挫折会轻松很多，不会再害怕挫折，而会勇敢地走向成功。

多多引导孩子，他们就不容易走向失败的极端，一蹶不振。所以当孩子遇到挫折时要给予适当的引导，鼓励他们积极上进。

帮孩子树立目标和理想

波波是个贪玩的孩子，不喜欢学习，整天混日子，不是去网吧就是台球厅。波波的父母都有自己的公司，父亲开了家休闲会所，母亲开的是旅行社。他们都很忙没时间管孩子，看波波还小就随他去玩，他想怎么样就让他怎么样。

马上就要升高中了，但是波波每天还过着悠闲的日子，学习上的事根本听不进去。虽然波波中考的成绩很差，但由于家庭条件比较好，父母为了给他好的教育，花了很多钱让他上重点高中。可波波一点都不领情，丝毫没有感激父母的表现，反而埋怨父母让他上了所管教特别严的学校。全封闭式的学校管理让波波与父母的关系越来越差，波波赌气更是什么都不干了。他又不能出去玩，在学校整天无所事事，除了睡觉、吃饭、打游戏找不到别的可干的事情。

天天这么混着，什么都不学，小小年纪的波波看起来没有一点朝气。波波的父母知道就算现在家里的情况再好，波波没有目标、没有理想，什么都不考虑，不为自己的将来奋斗，家业也会败光。

父母很着急给波波找个能让他喜欢的事情让他去奋斗，但又不知道从哪里入手。

理想是人生奋斗的方向，是进步的精神动力和精神支柱，是让生命精彩的源泉。父母越早开始帮孩子确立目标，越早教孩子为理想奋斗越好。父母多关注孩子的兴趣，指引孩子寻找理想是帮助孩子开拓人生道路的重要一步。如果像波波的父母那样不注重给孩子树立目标和理想，孩子就不会有远大的前途。孩子没有目标和理想可能有以下几点原因。

首先，养尊处优、娇生惯养的家庭环境不利于培养孩子的目标意识。波波的父母认为小孩子什么事都不懂，贪玩很正常，波波想怎么样就怎么样，结果让波波荒废了自己的人生。如果生活里没有一点压力，孩子头脑里没有目标和理想的概念，父母又忽视了对孩子的引导，孩子就容易做事情没有计划，逐渐失去目标意识，更谈不上拥有自己的理想。

其次，孩子没有看到自己的长处。通常孩子的理想和目标与自己的兴趣爱好有关，孩子不了解自己的长处就没有对目标和理想的渴望。缺乏培养意识的父母看不到孩子的兴趣，不能给孩子发挥自己特长的机会，没有适当地引导孩子发现自己的长处，所以孩子就会对自己没有很高的要求，不会树立远大的目标和理想。其实孩子的模仿能力很强，当孩子看到自己的长处以后，经常会把生活中自己喜欢的人或者名人明星当作自己的目标，把他们的职业看作自己未来的理想。比如，爱唱歌的孩子可能喜欢自己的音乐老师，以后想成为一名歌唱家；喜欢画画的孩子觉得设计师的生活很好，以后就想做设计师；喜欢篮球的孩子爱看球赛，就会希望自己以后成为像姚明一样的NBA（美国男子篮球职业联赛）球员。

最后，孩子没有竞争意识。现在社会中的竞争压力特别大，没有理想和目标的孩子在激烈的竞争中很难成功。虽然故事里波波的父母给波波提供了很好的家庭条件，但波波的父母不能做波波一辈子的依靠，波波自己不奋斗，再大的家业也会有垮掉的一天。超越自我，超越别人是孩子追求理想的动力，竞争意识能时刻警示孩子努力奋斗为自己打拼，不断鞭策孩子树立更

高的目标和更远大的理想。

如果孩子没有目标和理想，生活中就没有挑战，那他的一生只能碌碌无为。从波波的故事就可以看出，没有目标和理想的生活是颓废的，不快乐的。孩子没有目标和理想就不会进步，不能改变平庸的自己，成为社会需要的优秀人才。

那么，家长该怎样帮孩子树立目标和理想呢？

1.带孩子开阔眼界

孩子的眼界需要不断开阔，只有开阔了眼界，他们才能认识到自身的差距和不足，才能树立起目标和理想，并不断向着目标和理想迈进。

晴晴的妈妈发现晴晴的动手能力很强，特别会画画。所以妈妈总带晴晴去参观一些画展，带她去和老师学做DIY（自己动手做）小创意，做玩具娃娃的衣服，利用废物做各种小的生活用品。渐渐地，晴晴对设计很感兴趣，看到家里摆满了自己的成果很开心，并和妈妈说自己想做一名设计师。

从晴晴的事例，我们可以看出带孩子去做自己喜欢的事，给孩子发挥自己长处的机会，有利于开阔孩子的眼界，引导孩子树立目标和理想。经常带孩子出去旅行、参观游览、接触成功人士是开阔孩子眼界的好方法。在这个过程中，孩子会对新鲜事物产生好奇，父母要留心观察孩子的兴趣、爱好，确定他感兴趣的东西，为孩子提供便利的条件接触孩子所感兴趣的东西。当孩子的眼界开阔后，理想便会慢慢地发芽。

2. 教孩子计划生活中的小事

对生活中的小事有目标，有计划，就会让孩子慢慢学会树立长远的目标。

小威是个做事没有条理的小男孩，上学不是忘记带课本就是忘记带作业，总得让妈妈跑腿给他送东西。后来小威的妈妈想了一个办法，让小威每天写日记，不是为了记录他的心情，而是让小威给自己作计划，把明天要用的东西和需要完成的事情都写下来，避免忘记。小威就这样天天记，一个月下来，真的有了明显的效果。小威不会再忘记自己该做的事了，而且不写在日记里小威也能明确自己的目标。

小的目标和计划让小威忙乱的生活变得井井有条。经过长期训练，等小威有了自己的志向以后就能够从容不迫地实现自己的理想。从小威的事例中，我们可以看出多让孩子作计划有利于孩子确立目标和理想。在生活中，父母也可以鼓励自己的孩子写日记，让他把近期想做的事都写下来，如果孩子实现了就给孩子一定的奖励；或者让孩子做一个计划表，把他想要的东西都填在里面，如果得到了就让孩子做个标记。每个目标的实现都会带给孩子成就感，通过这些方法可以有效地帮助孩子确立目标和理想。

3. 鼓励孩子向有理想的同学学习

在集体中通过和其他孩子的比较能够让孩子看到自己的差距，有利于孩子积极向上，向优秀的孩子学习。孩子会思考如何超越别人，为自己树立目标和理想。但家长同时要注意调节孩子的心理状况，不能让孩子产生自卑心理。有的孩子会因为自己的差距太大而走向消极的一面，不仅不能激发自己的潜能超越别人，反而放弃了自己的目标和理想。所以父母要适当地鼓励自己的孩子多和优秀的孩子接触，向有目标和有理想的孩子学习。

培养孩子爱读书勤思考的习惯

小宝的父母都没念过什么书，俩人开了一个小饭馆。小宝每天下了学就跟着爸爸妈妈在饭店里看电视、玩游戏，很晚才能回家。

店里很忙，小宝的父母很少有时间管小宝的学习。父母看到小宝一放学就打开电视看动画片，不然就是玩手机游戏，就问他："你怎么不做作业呢？"

小宝总是说"在学校就做好了"或者"今天老师没有布置"。

小宝的谎言终究骗不过父母，老师给小宝的父母打了电话："小宝天天都不完成作业，课前也不预习，上课提问的问题总是回答不出来。"父母听后很生气，对小宝一通教训。可小宝就是不爱写作业，不愿意安静地坐在那儿看书。父母盯着小宝的时候，小宝就假装看一会儿，等父母走开以后就偷偷地玩手机。

父母把小宝的情况和老师反映之后，老师建议给小宝多买些课外书让小宝读，还说："小宝有了读书的兴趣可能就会变得爱学习了。"

父母便给小宝买了好多自然科学类的读本。刚买回来的时候，小宝还觉得十分新鲜，愿意看几眼，但没过几天就把书扔在一边，又开始看电视、玩游戏。小宝觉得一个人看书很没意思，书里写的好多东西自己也看不懂。

之后，父母又给小宝买了好多其他类型的书，可小宝还是不爱读书，不爱学习，就对电视和游戏十分着迷。小宝的父母不知道用什么方式才能改变孩子的兴趣，培养孩子爱读书的习惯。

书籍是人类进步的阶梯，一本好书不仅能丰富孩子的知识，而且能激励孩子、指引孩子走向成功。经常读书能锻炼孩子的阅读能力、接受能力、思维能力，提高孩子的学习能力。但书籍是抽象的文字，孩子通常都对图片动画等具象的东西感兴趣，所以很多孩子都和小宝一样喜欢看电视、玩游戏，不愿意花时间看书。但是读书对不断提升孩子的能力有很大的作用，父母要尽可能让不爱读书的孩子培养起多读书的好习惯。孩子不爱读书的原因可能有以下几点。

首先，书籍内容太抽象。文字类的东西比较枯燥，没有图片和图像吸引孩子，如果书籍的内容也比较抽象，孩子就不容易对书籍产生兴趣，不会有阅读的愿望。现代多元化的阅读渠道削弱了孩子通过读书获取信息的需求，孩子们更愿意看些零散的小短文、小故事或者看一些图片、小视频来获得信息，不愿意安安静静地坐很长时间看一本书。

其次，孩子缺乏良好的阅读环境。读书需要安静和充满阅读氛围的环境，如果和小宝一样总在很嘈杂，人来人往很热闹的环境中，自制力差的孩子很难集中注意力坚持阅读。

最后，孩子没有交流问题的空间。读书能让人思考，孩子读完书会有自己的感想并希望同别人交流想法或者让别人解答自己的疑惑。如果有人能很好地与孩子进行互动，孩子的阅读积极性会越来越高，孩子就会找到读书的乐趣。故事里的小宝对有些问题很疑惑，但没有人帮助小宝解决问题。书本没有给小宝带来快乐反而增加了烦恼，导致小宝最后彻底失去了读书的兴趣。

通常不爱读书的孩子思维能力差，不能主动学习新知识、提升自己的能力。然而现在的社会每天都在发生日新月异的变化，各种新鲜事物层出不穷，孩子如果没有良好的学习能力很难在社会中立足。只有终身学习才能紧跟社会发展的潮流，所以孩子从小就要养成爱读书的好习惯。

父母要在生活中注重培养孩子爱读书的习惯，多多锻炼孩子的思维能力和学习能力，指引孩子走向成功。下面几点帮助孩子培养爱读书勤思考的习惯的建议供家长参考。

1.给孩子选择合适的书籍

不同年龄段的孩子喜欢不同的书籍，父母要给孩子选择合适的图书让孩子阅读。书的内容对于孩子太难太抽象，孩子会失去对书籍的兴趣和阅读的信心。刚开始时，父母可以给孩子买一些趣味性强、图文并茂的图书给孩子读，这样容易提起孩子的阅读兴趣。但当孩子有了一定的阅读能力后，太简单的童话故事、卡通漫画等已不能对孩子的思维有很大的锻炼，这些书只能当作休闲读物。这时父母可以让孩子接触些更加深奥有哲理的书，扩大孩子的阅读范围。

选择一些像《四书五经》、《二十四史》之类的传统经典读物或者《钢铁是怎样炼成的》、《居里夫人传》、《名人传》之类的世界经典名著都能很好地塑造孩子的世界观、人生观和价值观，对孩子的未来产生积极的影响。

2.带孩子多去书店或者图书馆

给孩子营造良好的读书环境也是培养孩子爱读书习惯的一个重要方法。好的环境能让孩子集中注意力进行深度思考，全身心地投入到书籍里进行学习和探索。小宝整天和爸爸妈妈在饭店里，阅读的氛围很差。与读书相比，看电视和玩游戏都不需要动脑筋，所以小宝更迷恋电视和游戏。书店和图书馆的阅读氛围就比较好，既安静又能和很多人在一起读书。父母要鼓励孩子和同学多去书店或者图书馆，在集体中孩子更容易保持阅读的兴趣和经常读书的习惯。

3.给孩子答疑解惑，鼓励孩子勤思考

在孩子读书的过程中让孩子独立思考问题很重要。在孩子读完一本书后，父母可以问孩子一些有关生活方面的问题或者给孩子提一些生活上的建议，比如，"如果你遇到书里那样的问题会怎么办"、"下次遇到类似的问题你可以试试书里的方法"等。父母要鼓励孩子多思考把书本上的知识运用在生活中。当孩子不能自己回答疑问时，父母的指导也很重要。孩子在阅读时经常会有疑问，这正是阅读锻炼孩子思维能力的地方。此时就需要父母多和孩子交流阅读感想，帮助孩子答疑解惑，保护孩子读书的兴趣和爱问问题的好奇心。孩子无法理解书籍的内容时就会对自己的阅读能力产生疑惑甚至丧失阅读的兴趣，所以父母要及时给予孩子帮助。

帮孩子找一个偶像激励他上进

小雪才上小学五年级就已经是个十足的哈韩（指狂热追求韩国流行文化，并在服饰等方面加以效仿）小妹了，整天想着韩剧里的情节，时刻关注那些韩国明星的动态。她还经常收集韩国明星的海报、贴画、明

191

信片，放在自己的房间里。

妈妈见小雪这么着迷就问她："雪儿，你为什么这么喜欢韩国的明星啊？中国的不好吗？"

小雪惊讶地说："中国的明星哪里有韩国的厉害啊？中国歌星的好多表演形式、舞蹈动作都在模仿人家，中国的一些明星演的电视剧更是差劲，一点都不好看，现在我们好多同学都哈韩呢。"

"那体育明星、作家、画家之类的，你们怎么不喜欢啊？整天就想着那些娱乐明星，从他们身上你们又什么都学不到，就是天天疯玩。"妈妈很严厉地说。

小雪不乐意了："我就是喜欢他们，他们能带给我们快乐呀。开心最重要。你天天让我学习、看书已经很累了，干吗还让我向那些'大家'学这学那，我就是很羡慕他们每天能过得那么轻松。"

小雪把整个身心都投入到了那些明星上，总是抄同学的作业应付老师，考试成绩徘徊不前；回到家什么都不干，等着妈妈做好饭，吃完就跑去看电视；零花钱也要得越来越多，骗妈妈说学校里要买教辅资料和练习试卷，其实小雪把钱都买了明星的杂志、写真集、海报之类的东西。

妈妈对小雪的各种行为都心知肚明，看小雪整天迷迷糊糊的就知道追星，妈妈很是生气。有一天等小雪上学走了，妈妈为了不让小雪一直这样追星下去就把小雪房间里的明星海报、抽屉里的各种卡片都给小雪藏了起来。

等小雪放学回家看到东西都不在了就大声质问妈妈："我的东西呢？"

"都扔了，以后别整天傻乎乎的就知道追星，你给我该干什么干什么去。"

小雪伤心极了，把自己关在房间里，之后几天都不理妈妈，也不吃妈妈做的饭了，每天都从外面买吃的。

小雪的妈妈看小雪一直和自己这样冷战很着急也很难过。

"我这样都是为她好，这孩子怎么一点都不理解呢？"

孩子在成长的过程中有超强的模仿能力和强烈的崇拜心理。因为孩子具有这些特点，所以榜样对于孩子的影响是巨大的。当孩子特别喜欢并且信任某个人的时候就会把他当作偶像极力模仿。但偶像对于孩子的影响并不都是积极的，健康向上的偶像能够指引和激励孩子，而消极颓废的偶像则会误导孩子，让孩子贪图享乐。当然，偶像没能对孩子产生积极影响的原因是多方面的，具体概括为以下三个方面。

首先，孩子没有找到积极上进的偶像。现实生活中的社会风气对孩子选择偶像有重要的影响。不少孩子会盲目崇拜一些"明星"等不能算榜样的偶像。这些人会影响孩子的人生观和价值观，不能起到良好的教育作用。除了社会风气的影响，父母的要求也会影响孩子对偶像的选择。如果父母的期望过高，孩子生活得十分辛苦，就会像小雪一样寻找和自己完全相反的人做偶像，会羡慕偶像那样"轻松洒脱"的生活。然而，父母适度的要求则会让孩子积极追赶具有正能量的偶像。

其次，孩子没有真正认识自己的偶像。由于孩子缺乏深入和全面认识偶像的意识和能力，总是从媒体的报道中看到偶像高调、华丽的一面，所以他们只能看到偶像外在的东西而不能真正认识偶像。其实偶像在背后也会付出汗水、付出辛劳，孩子认识不到偶像成功背后的原因，偶像也不能激励孩子积极上进。

最后，孩子过度迷恋偶像，脱离自身实际。通常，孩子会把离自己比较远的人作为偶像而不是自己身边的人，所以孩子对偶像的好感就会被想象力无限地扩大，孩子只能看到偶像的优点，认为偶像的一切都是最好的，把偶像当成了生活中最重要的人。其实偶像和我们平常人一样，他们只不过是因为在某个方面比较突出，经过媒体的报道引起了社会的关注。如果孩子完全沉浸在自己的虚幻世界里，把偶像与实际生活分离开来，偶像也不能对孩子起到良好的教育作用。

如果孩子找不到积极向上的偶像，看不到偶像背后的优良品质，不能把偶像当作自己在现实生活中的榜样激励自己，就会因为迷恋偶像而失去自我，学到不良习气，影响自己的正常生活。但是如果能正确利用偶像，充分发挥偶像引导和激励的作用，偶像对于消极被动、不积极上进的孩子的巨大影响力也是不容忽视的。

面对这样的孩子，父母可以帮他们找一个积极向上的偶像，通过引导孩子学习偶像的优良品质来激励孩子上进。

1.教孩子接触各类名人，慎重选择偶像

因为孩子们喜欢娱乐性的东西而且通过电视等媒介接触明星较多，所以通常会像小雪那样把影视明星、歌星当作自己的偶像。但是娱乐明星鱼龙混杂，孩子的辨别力又差，所以父母要帮助孩子慎重选择偶像，多多引导孩子。如果像故事里小雪的妈妈那样没有引导孩子而是禁止女儿追星，完全否定了小雪的偶像，只能把孩子推向更加消极的一面。父母不应该禁止孩子拥有自己的偶像，而是应该扩大孩子选择偶像的范围，让孩子了解各行各业中的顶尖人物。通过父母的筛选，孩子更容易选出健康向上，对他们有教育意义的人做自己的偶像，让偶像发挥出榜样的力量。

2.深入了解偶像的优良品质

要想让孩子慎重选择偶像，深入了解偶像的优良品质是非常重要的，这样不仅让孩子提高了辨别能力，还让孩子懂得追求一些有深度和内涵的品质，而不是肤浅的外表。

小菲有一副好嗓子，特别喜欢唱歌，她很喜欢梁静茹，认为梁静茹就是自己心目中的"女神"，但是小菲的学习成绩在班里很靠后。小菲的妈妈发现女儿有了偶像，便用心地在网上收集了许多梁静茹的资料，和女儿聊天时顺便讲梁静茹的故事给她听，告诉小菲梁静茹如何辛苦地参加选秀，如何辛苦地练歌，以此来激励小菲努力学习，鼓励她以后也成为像梁静茹一样出色的女孩。小菲听了梁静茹奋斗的故事十分感动，对自己整天游手好闲的状态感到很惭愧。于是小菲开始默默地努力学习，期末考试时成绩果然有了提高。

如果孩子能像小菲这样向偶像学习，那么孩子有自己的偶像并不是件坏事，但是孩子一般只能看到偶像表面的东西而不能真正从偶像身上学到对自己有用的东西。为了让孩子深入了解到偶像的优良品质，父母应引导孩子把偶像内在优秀的东西挖掘出来，这样偶像才能起到激励孩子努力奋斗的积极作用。

3.让孩子在生活小事中向学习偶像

偶像如果仅仅停留在孩子的意识里，孩子很容易将偶像理想化，把偶像变成自己心目中所希望的那样，沉浸在自己美好的虚幻世界里。所以，父母要引导孩子把对偶像的喜爱和崇拜转化为自己的实际行动，让偶像现实化，把偶像生活中的故事讲给孩子听，指导孩子在生活小事中向偶像学习。这样偶像就能激发孩子的上进心，帮助孩子积极向上。

第九章

独立的孩子更理性和冷静

传授孩子一些生活技能

阿翔是个聪明的男孩，他的学习成绩很好，所以父母在家什么都不用阿翔干。阿翔没事的时候就在家打打游戏、上上网。阿翔的家离学校比较远，父母担心阿翔在路上太辛苦，到了学校已经没有充足的精力学习，因此，尽管他们的工作很忙但是每天都会开车接送阿翔上下学。

一天晚上，阿翔的爸爸接到阿翔爷爷的电话，爷爷说阿翔的奶奶生病了，让他们赶快回老家看看。阿翔的父母立刻向单位请了假准备回老家看望阿翔的奶奶，考虑到阿翔已经上了初中，课业很紧，便没让阿翔回老家。父母和阿翔说："爸爸妈妈回老家估计得三四天，你要自己照顾好自己，给你这几天的生活费自己买饭吃吧，上学不要迟到，路上骑车的时候要小心啊。"第二天，爸爸妈妈就回老家了，阿翔一个人留在了家里。

父母走的第一天阿翔就迟到了。早上没有人喊阿翔起床，他自己也没有定闹钟，醒来的时候就快八点了，被子来不及叠，早饭也顾不上吃，阿翔赶忙洗洗脸就打车去了学校。

中午回家的时候阿翔买了很多零食，吃完后把垃圾袋摆满了桌子。阿翔也懒得收拾，看了一会儿电视就骑自行车去上学了。

晚上回到家，阿翔简单地写了写作业就去打游戏了，早上的被子正好还没叠，阿翔躺下就睡了。就这样，阿翔浑浑噩噩地过了两天，家里被他弄得乱七八糟，整个人玩游戏也玩得没有了精神。一天下学回家的时候，阿翔不注意看红绿灯还骑得特别快，便和其他的自行车撞上了，车筐撞得变了形，阿翔的腿和胳膊也都被划伤了。

阿翔的父母不放心阿翔，看阿翔奶奶的病有了好转，阿翔的妈妈便回来了。一到家，阿翔的妈妈就看见满屋子的垃圾，阿翔的脏衣服扔了一房间，被子也没叠，阿翔的妈妈很是生气，一边收拾屋子一边埋怨阿翔："这孩子这么大了，怎么不会照顾自己呢？屋子也不收拾，天天吃零食……"中午阿翔回来了，妈妈本来准备好好教训他一顿，结果看到儿子胳膊上的伤便不忍心再说他了："你这是怎么弄的？怎么这么不小心？""不小心和别人撞了一下，只蹭破了点皮而已。"阿翔无所谓地说。

等阿翔的爸爸回来后，阿翔的妈妈便把儿子这几天的情况和他说了一番，俩人都很担心儿子将来的生活。"儿子这么不会照顾自己，咱们怎么能放心他以后一个人出去上大学？"阿翔的父母开始考虑如何教儿子掌握一些生活技能。

现在大部分家长对孩子的教育仅仅局限在文化学习方面，而忽视了对孩子生活能力的教育。与孩子欠缺的生活能力相比，家长们都更担心孩子的学习成绩不好，将来上不了大学。其实让孩子学文化知识的同时，教会孩子生活也很重要。教育的核心不应该只是教孩子成才，还要告诉孩子如何生活，如何做人。像阿翔这样不能独立生活的孩子就是因为缺乏基本的生活技能，孩子掌握了基本的生活技能以后才能很好地生活。孩子没有基本生活常识与技能的原因可能有以下几点。

其一，父母不注重培养孩子的生活技能。父母认为生活中的琐事都是小事，孩子不需要专门花时间掌握处理这些琐事的技能；学习上的事才是大事，孩子宝贵的时间应该都用来学习。父母会替孩子处理好除学习以外的所有的事情，比如，早上叫孩子起床、帮孩子整理房间、送孩子上下学、负责孩子的三餐等生活琐事。孩子的生活被家长安排得很好，自然也不会主动学习生活技能。

其二，父母忙于生计，没时间教孩子生活技能。现在的生活压力很大，父母的工作压力自然也很大，有的家长自己没有时间做家务、处理生活中的各种琐事，会雇用保姆来处理家务或帮助自己照顾孩子。这样的父母没有时间与孩子待在一起，只能让保姆给孩子提供一切孩子所需要的东西。保姆又不可能像家长一样对孩子进行教育，只是尽可能地满足孩子的需求，所以孩子独立生活的本领会越来越差。

其三，孩子有依赖心理和懒惰心理。每个孩子都是有惰性的，在家里有父母做依靠，有父母为自己解决生活问题，所以就想一直依赖父母，不愿意自己动手，不愿意辛苦地劳动。

现在的社会不仅仅要求孩子有较高的学力，而且需要孩子有很强的综合素质，生活能力就是其中重要的一项。在复杂的社会环境中，孩子会面临各种各样的生活问题：日常琐事的问题，安全的问题，为人处事的问题……处理好这些问题，孩子才能很好地学习、工作。不能独立生活的孩子永远离不开父母，离不开家庭，无法从容地面对学习、工作中的挑战，会被生活琐事弄得焦头烂额。因此，孩子需要掌握一些生活技能。

1.让孩子明白生活技能的重要性

父母很忙但还是要花一点时间教孩子必要的生活技能，要告诉孩子生活技能的重要性。父母要让孩子明白正因为父母不可能永远在他们身边，所以他们必须学会自己照顾自己，学会处理生活中的各种问题，要注意安全，保护好自己，这样即使父母不在他们身边也能放心，他们自己也能生活得很好。以后上大学和工作，他们得独自生活，所以必须掌握生活技能，不能依赖别人。

2.让孩子看到父母是如何工作的

父母干活的时候，最好都让孩子看到。不论孩子愿不愿意学习，只要孩子看到了父母怎么做就会无意识地学习到各种生活技能。如果孩子看到后产生疑问或者想自己试一试，父母一定要满足孩子的好奇心，不要认为孩子能力不够或者怕孩子做得不好，要多多鼓励孩子，给孩子指导，这样才能帮助孩子学到生活技能。

3.通过有趣的方式让孩子学好生活技能

家长要提高孩子学习生活技能的兴趣，通过有趣的方式来引导孩子学习。

小敏的爸爸特别关注孩子的生活，经常会教孩子一些生活中的"小窍门"，有时候还和小敏比赛谁干活干得好。

"小敏，你知道如果你不小心被爸爸的烟头烫伤了该怎么办吗？"小敏的爸爸指着自己被烟头烫伤的地方。

"立刻去用水冲。"小敏疑惑着回答。

"不对，你应该去抹点牙膏。它可以帮你止痛止血，还可以防止感染呢。"小敏的爸爸笑着说。

"爸爸懂得真是多呀，是被烟头烫得多了吗？"小敏调皮地说着，但又很高兴自己知道了一个治疗烫伤的好办法。

有时候，小敏的爸爸还会和小敏做游戏，比试谁整理床铺整理得好。小敏的爸爸以前当过兵，把被子叠成"豆腐块"对于他来说自然是小菜一碟。小敏每次都会输，但是她很羡慕爸爸能把被子叠成那样，总是好奇地要爸爸教她。虽然小敏的被子叠不成豆腐块，但是小敏都会很认真地收拾自己的房间，整理自己的东西。

像小敏的爸爸那样多和孩子进行沟通和交流，通过一些有趣的方式教孩子生活技能更能激发孩子的学习兴趣和认真学习的态度，可以有效地帮孩子掌握到生活中的各种技能。

让孩子在集体生活中学会独立

刚升入初中的玲玲是住校生，与寝室的其他五个姐妹一起生活。

一个星期三早上，大家都醒来晚了，离上课只有几分钟了。于是大家都匆匆忙忙穿上衣服，拎着书包就出门了。

大家刚坐下，上课铃就打响了。语文老师习惯性地拿起点名册开始点名。点到玲玲的时候，大家才发现玲玲没来。平时对玲玲照顾最多的寝室长小雨开始担心："玲玲没有跟上我们吗？不会还在睡觉吧？"

小雨怀着忐忑的心情掏出书，开始听课。直到第一节课快下课了，玲玲才上气不接下气地赶来。

下了课，小雨跑去问玲玲怎么回事，没想到，玲玲爱理不理的。小雨以为玲玲出了什么事，心情不好了，就更加急切地追问。这时候，玲玲咕哝了一句："你们起床了都不喊我一声就走了。"

玲玲感到有些委屈，但也并没有说什么。小雨看到玲玲桌上放的是历史书，惊讶地说道："咱们今天上午没有历史课啊，是政治课。"玲玲一听，慌忙翻书包，发现带错了书。

类似的丢三落四的事情几乎每天都发生。玲玲不是忘记叠被子，就是忘记打水，轮到玲玲值日的时候，宿舍总会被扣分，而且每到周末回家的时候，她都带回去一大包攒了一周的脏衣服。

离开家，玲玲的生活一下子变得乱糟糟的。

现实中有很多孩子都有类似玲玲的经历。孩子的独立性这么差，除了父母平时对孩子事事包办、百般溺爱之外，一般还有以下几个原因。

首先，孩子的依赖性太强。孩子觉得生活在群体中，很多事情都不必自己操心，反正有大家呢。事例中的玲玲就有这种心态，以为起床有人喊，上什么课有人提醒，所以平时就不愿意自己去处理这些琐事。然而总有出现意外，需要靠自己的时候，这时孩子往往会手足无措。

其次，家长不相信孩子独立做事的能力。当孩子独立完成某件事或者试图帮父母做某件事时，由于经验少往往不能做得很好，很多家长都会嫌弃孩子动作不利索、考虑不周到等而不让孩子做，甚至还会责怪他们，不尊重他们的劳动成果。这样，孩子的满腔热情受到打击，以至于他们不敢再去尝试独立做事，错过了很多锻炼自立能力的机会。

最后，孩子很少有独自生活的经历。很多学生都是到了大学才第一次离开父母，他们从小到大没有过完全脱离父母，自己照顾自己的经历。当某一天突然离开了父母独自生活的时候，他们就会对很多从没有独立完成过的事情感到手足无措。

父母不敢放手让孩子从小学会自立，那么他们长大后就有很强的依赖心理，经不起困难和挫折的打击，遇到事情也没有主见。他们在生活中无法很好地照顾自己，就像事例中的玲玲一样，什么事情都弄得一团糟。

所以，家长们要想让自己的孩子能够早点自立，做一个能扛得住事情的人，那么就要对他们"狠"一点。

1.让孩子自己去医院看病

对于年龄大一点的孩子，如果遇到感冒发烧等不算很严重的病时，父母不妨让他们学着一个人去医院。没有了可依赖的人，他们就不得不自己完成挂号、找医生、付钱买药这个过程。在与医生护士打交道的时候，其实他们就已经学会了在脱离父母的情况下如何自己处理生活中的困难，也在不知不觉中提高了他们的自立自强意识。

2.让孩子积极参加竞赛

对于学校里组织的大小竞赛，比如书法大赛、歌唱比赛、数学竞赛、球赛等，家长应鼓励孩子参加，或者可以直接承诺孩子如果参加了比赛就给予他们一定的奖励。这样孩子的积极性会大大提高，在整个过程中，他们会自己为比赛作各种准备，并主动与老师同学沟通。通过参与比赛这样一个平台，不仅可以提高孩子的专业技能，还可以锻炼孩子独自思考问题、独自克服困难的能力。

3.当班级组织集体活动时，鼓励孩子当"领队"

当班级组织春游或者辩论赛等集体活动时，父母可以鼓励孩子"主动请缨"当小组的组长或者领头人。小组的大事小事都会经过"组长"来决定，这样的话，孩子肩上扛着小组的荣辱使命，他们心里有些压力了，就不会想着去依赖小组的其他成员，而是思考着怎么管理好自己的队员，怎么为自己的队员们做好榜样。渐渐地，孩子就会形成坚毅、独立的性格，遇到困难也不会轻易被打败。

教孩子遇事要冷静

小芳是个二年级的小学生，由于成绩优秀，老师让她代表班级，参加数学比赛。在去参加比赛的前一天，老师给了小芳一张她的准考证，并告诉她一定要保管好，如果弄丢了就不能进考场了。

同学们没见过准考证，都凑过来看小芳的准考证。看着同学们这么好奇，小芳就不好拒绝他们的请求。一会儿老师叫小芳去办公室一趟，走的时候，小芳对同学们说了句"你们不看了就把准考证放在我的桌子上，千万别弄丢了"，就去办公室了。

小芳回到教室，并没有看见自己的准考证。她问了周围的同学，他们都不清楚，后来她又问了教室里的其他同学，他们也都不清楚。想着准考证对她的重要性，她一下子就哭了。同学们帮她找，但还是没找到。

一会儿，小明从厕所回来，看见哭着的小芳，便问怎么回事。得知是准考证找不到了，他就急忙对小芳说："知道你的准考证很重要，我就给你放进书包里了，你看看书包里面有没有。"结果准考证就在书包里。

像小芳一样遇到困难就不冷静的孩子是很常见的，孩子出现这样的问题是过于依赖自己的父母，做事不能控制自己的情绪造成的。

首先，孩子过于依赖父母。很多孩子一遇到问题只知道找父母，父母也出于对孩子的疼爱把孩子的问题都一一解决了。这就使得孩子容易遇事不冷静。

其次，孩子缺少思考。就像很多小朋友喜欢做简单的题，一遇到难题就想着抄别人的一样，他们不会自己思考。但只要是经过自己思考解决的难题，下次遇到了类似的就会了，因此，要让孩子懂得遇事多思考。

最后，孩子不会控制自己的情绪。有些孩子，遇到事情很容易情绪化，被着急、害怕的情绪所影响，只顾发泄情绪，而不去想解决的办法；有些孩子不会勇敢面对问题，一遇到问题就紧张，脑子一片空白，不知该怎么办；有些孩子平时学习成绩很好，可是一考试就会很紧张，该会的也答不上来，影响了考试的成绩；有的孩子很内向，不敢举手回答老师问题怕自己答不上会被同学嘲笑。这都是不会控制自己的情绪的表现。

孩子以后的路还很长，如果小时候不培养遇事冷静的性格对其以后的发展是不利的。一方面，孩子遇到难题时无法解决；另一方面，遇事往往无法控制自己的情绪，这样给人留下不良的印象。帮助孩子养成遇事冷静的性格，下面有几条建议供参考。

1.父母遇事冷静孩子会效仿

儿童心理学专家研究发现，孩子遇事不冷静，与他接触的环境有直接联系。父母是孩子的第一位老师，孩子的性格会受到家庭环境的影响。当遇到问题时，父母采用不理智的方法解决，显然就是不对的，会诱导孩子往坏的方面发展。所以，不管面对什么事，家长都应理性对待，给孩子树立一个榜样。

有一天，琴琴放学回家一见到妈妈就哭。妈妈问她怎么回事，她低着头说："我今天做作业的时候不小心把同学借给我的钢笔摔坏了，后来也不敢对同学说钢笔被我摔坏的事。但是明天我必须要把钢笔还给她，要是知道钢笔被我摔坏的话，以后她可能不会再借东西给我了，而且也不会跟我做朋友了。"

妈妈听完琴琴的事，就说："别着急，以前妈妈也遇到过类似的事情。你知道妈妈是怎么做的吗？首先，事情是自己做错的，就必须得承认自己的错误，并向同学道歉。然后妈妈就把同学的损失弥补上了。"

琴琴问妈妈："你不害怕他责怪你吗？"

妈妈回答说："凡事要冷静地思考，其实事情没有你想象中那么可怕。"

琴琴又问妈妈："后来你同学没有责怪你吗？"

"当然没有！"妈妈说，"因为我道歉了，还弥补了我的过错。我们的关系还像以前一样好。"

后来琴琴的妈妈给琴琴一些钱，让她买了一支一样的钢笔给同学。

第二天过后，琴琴告诉妈妈同学没有责怪她，还很高兴得到了一只新钢笔。

后来琴琴遇到类似的情况也不会慌张了，总记得妈妈是如何冷静地面对问题的。

2. 陪孩子做一些有利于冷静思考的事情

父母可以陪孩子下棋，下棋是一种益智游戏，孩子不仅能从中获取乐趣，还可以培养冷静思考问题的能力。父母也可以教孩子弹琴，弹琴是可以舒缓孩子的心情的，这样就能冷静下来思考问题。当然除了下棋、弹琴，还有很多有利于孩子培养冷静思考能力的事情。总之，有利于孩子冷静思考的事情是可以让孩子坚持做的，慢慢地，孩子就会把这种方法运用到生活中去。

3.教孩子学会控制自己的情绪

孩子学会了控制自己的情绪，才能遇事静下心来思考解决办法。

一天早上，小红醒来发现自己忘记了做语文作业。平时小红是个乖孩子，老师布置的作业都按时完成。而且语文老师一向都是很严格的，每次调皮的孩子不完成作业或是抄别人的作业，都会受到语文老师的批评。小红非常焦急又害怕，而且时间也不早了，小红急得哭了起来。

孩子遇到这样的情况，父母应该首先安慰孩子，让他的情绪稳定下来；然后告诉孩子，现在没完成作业是事实，如果你现在不补救而是哭，是不能解决问题的；最后教孩子怎么做，孩子就会冷静下来用最快的时间完成作业。有了这一次的经历，孩子在下次遇到类似的情况也会静下心来解决问题。

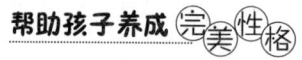

让孩子在理智消费中学会克制冲动情绪

小秋今年10岁了，是个爱美的小美女，既开朗又大方，很受同学们的喜欢。

小秋的爸爸妈妈都是普通公司员工，收入只能维持家庭温饱，但是他们很疼爱女儿，给小秋花钱从来都没有舍不得的时候。

小秋每天中午都在学校吃饭，妈妈担心她在学校吃不饱饭，每天都给她一些买零食的钱，但是小秋并没有把这些钱用来买吃的，而是买了发卡。小秋是个爱美的女孩，每次到食杂店看到柜台上摆着五颜六色的小发卡时，她都控制不了自己内心的冲动，把用来吃零食的钱都买发卡了，导致她在饿的时候没有钱买东西吃。

小秋喜欢发卡只是一时的冲动，时间久了就不喜欢了。有一次，她看到同学们的手上贴着很好看的卡通图案，自己也很喜欢，但是她身上的钱不多了，她就在犹豫自己是买还是不买，最后她还是没法控制自己的冲动，买了几张贴纸贴到手上了。渐渐地，她养成了乱花钱的习惯。

时间久了，小秋乱花钱的毛病就被妈妈发现了，妈妈认为是自己太宠着孩子了，决心帮助她改掉这个毛病，学会克制内心的冲动。

像小秋这样的孩子是典型的不会克制自己冲动的孩子，当她看到自己喜欢的东西时，就无法控制自己想要这个东西的冲动，导致她养成了乱花钱的坏习惯。所以家长要让孩子学会理性地控制自己的冲动。

孩子在思想上对金钱的认识不够，不能理解家长赚钱的辛苦，缺乏对金钱使用的控制力，所以才导致他们养成盲目消费的心理，而这种消费心理的本质就是孩子无法抑制自己的心理冲动。

冲动做事的孩子总是抑制不住自己的想法，他们总是随着自己的兴致做事，而且做事不考虑后果。当孩子长大以后，面对一些不良诱惑也会因为自己的一时冲动，无法控制自己而走向歧途。

孩子在学会控制心理冲动的过程中，需要家长的大力支持与帮助，让孩子学会抑制自己的心理冲动，会让孩子在面对困难或者是面对诱惑时，更容易选择正确的解决方法。

1.让孩子体谅家长从而抑制做事冲动

很多家长把孩子乱花钱和做事冲动归结于孩子不懂事，其实不是那样的，很多孩子在做事时不是因为自己不知道这件事做得不对，而是他们明知道自己做得不对，但是无法控制自己的心理冲动。所以家长要让孩子懂得体谅家长从而抑制自己的冲动心理。

以小秋为例，她在购买发卡和小贴纸时，是她的冲动心理和爱美心理在作祟，其实她更本质的原因就是不懂得理解家长挣钱的艰辛。如果她懂得体谅家长，就会努力抑制住自己的冲动了。

所以，家长在这个时候要对小秋说："妈妈送你去学校学习是为了让你能接受更好的教育。妈妈给你钱是因为妈妈心疼你，害怕你吃不饱，会挨饿，所以你也要理解妈妈。妈妈挣钱不容易，咱家也不是很富裕的家庭，所以你要控制自己的冲动，做个好孩子。"

当孩子知道这些情况后，就会在心里有体谅家长的想法，在以后面对冲动，或者想要不合理消费时，就能为了体谅家长而控制自己的冲动。

2.不能让孩子随兴做事

家长在教导孩子控制冲动时，往往会采取引导和监督的方法，但是会有很多孩子在家长的监督下也不能完全控制自己的冲动。在这时家长就应该采取强制的方法解决问题，不能让孩子随兴做事，而是要帮助他作出取舍的决定。

小烈是个不会抑制自己内心冲动的孩子，很多时候都因为自己的一时兴起，而作出很多不理智的决定。妈妈知道小烈的这个毛病后，就决心帮助孩子改掉缺点，于是开始监督孩子抑制自己的冲动。

妈妈给了小烈10元钱，并且告诉他可以花钱，但是不能在一周之内花完，小烈愉快地答应了。

小烈虽然答应了妈妈，可是他在每次路过食杂店时都有买东西的冲动，他就想，妈妈不让他在一周之内花完10元钱，自己先花一点，然后剩下的就不花了。小烈抱着这样的心理给自己买了好吃的，但是他的这种心理一次比一次强烈，导致他在一周之内把钱都花完了。

妈妈发现这种监督的方法对小烈不管用，就又给了小烈10元钱，告诉小烈，这10元钱在一周之内一分都不许花，否则以后就不给他零花钱。经过妈妈这样强制的要求后，小烈再路过食杂店想买吃的时，就会想起妈妈的话，自己不能乱花钱，不然就没有零用钱了，所以他开始学会抑制自己的冲动了。

就这样，在妈妈的帮助下，小烈成功地学会了控制自己内心的冲动。

像小烈这样的孩子明明知道自己的行为是错误的，但因为控制不了自己内心的冲动导致无法约束自己，所以家长要帮助他们约束自己。

3.了解孩子冲动的原因，对症下药帮助孩子解决问题

孩子在面对诱惑时无法控制内心的冲动，有些是因为孩子之间的攀比，有些是因为孩子好奇，但是无论是哪种原因，家长都要先了解孩子冲动的原因，再帮助孩子从本质上找出控制内心冲动的办法。

让孩子学会控制内心的冲动，有助于孩子在以后面对诱惑时，更加坚守自己的原则，面对困难时，更容易找出正确的解决办法。这样孩子在长大以后做事才能不意气用事，更理智地面对生活。

第十章

让孩子懂得谦虚做人的道理

谦虚才能让人进步

冯冯今年十岁，上小学三年级，曾经多次在作文比赛中获奖，成绩也在班上名列前几名。语文老师还常常表扬冯冯作文写得好。于是冯冯便觉得自己的语文水平是班上最高的，甚至觉得自己是班上最优秀的学生。

放学的路上，冯冯对好朋友笑笑说："笑笑，你看我经常在作文比赛中获奖，我觉得我的语文成绩是班上最好的。而且我的数学、英语成绩也好，老师们都喜欢我，我觉得我是班上最优秀的学生。"

笑笑觉得经常在作文比赛中获奖的也不止冯冯一个，冯冯怎么能说她是班上语文成绩最好的呢？而且班上数学、英语成绩好的同学也有好多呢，冯冯并不是班上最优秀的学生。

于是笑笑对冯冯说："我觉得我们班上还有很多比你优秀的同学啊，你怎么就能说你是最棒的呢？"

冯冯听了后非常生气，她觉得笑笑是嫉妒自己才这样说的，于是就不理笑笑，自己回家了。后来冯冯和笑笑谁都不搭理谁，不再是好朋友，冯冯的成绩也因为她的骄傲一直退步。

冯冯因多次在作文比赛中获奖，经常获得老师的表扬而产生了优越感，认为自己的语文水平是班上最高的，自己是班上最优秀的学生。

冯冯之所以会骄傲，一方面是因为她本身的写作特长和不错的成绩，另一方面是因为老师经常的夸奖，让她的虚荣心得到满足。

生活中，有些孩子会像冯冯一样因为自己有特长或经常受到表扬而变得骄傲自满。骄傲羁绊着孩子的前进，它会使孩子怀念过去的成功而不思进取。因为骄傲，孩子还会变得固执，听不见父母老师的批评与忠告。

莎士比亚说："一个骄傲的人，结果总是在骄傲里毁了自己。"的确，骄傲是孩子成功最大的敌人，父母要教会孩子谦虚，谦虚才能使孩子进步，建立好的人缘。谦虚是中华民族的传统美德，是一种求真务实的态度，它可以让孩子比较客观地认识自己过去取得的成绩。所以要想孩子进步得更快，父母要让孩子戒骄戒躁，教育孩子不骄傲，教会孩子谦虚。

怎样让孩子知道谦虚才能使自己进步呢？以下几个建议可以供父母参考。

1.让孩子学会接受批评和建议

骄傲的人往往是听不进别人的意见和批评的。如果我们对一个人提出批评和建议，他能接受的话就说明他已经意识到了自己的缺点和不足。人们总是会在自我评价和他人评价时出现偏差，经常高估自己，孩子也是一样的，孩子一旦骄傲了就会变得狂妄固执，拒绝别人的忠告和友好的帮助。所以，如果发现了孩子的骄傲情绪，家长一定要尽快地加以纠正，让孩子学会接受批评和建议。

小染是三年级的学生，从小成绩一直名列前茅。长期的优异成绩使她自认为自己知识十分渊博，变得越来越骄傲。

有一天，一个同学问她："小染，这个数学题能告诉我怎么做吗？"

小染看了看题目很不屑地说："你怎么这么笨呢，连这么简单的题目都不会做。"

那位同学听了之后非常伤心。小染经常都这样，在回答别的同学的问题的时候总是一副不屑的态度。慢慢地，问她题目的同学越来越少了，而她也不愿意和成绩不好的同学玩耍。小染对老师也不太尊敬，觉得老师的水平也没有多高，她甚至认为老师批评她是在故意为难她。

小染的爸爸发现了小染变得越来越骄傲，于是他教育了小染，说她这样骄傲自满是不对的。她虽然成绩好，但是也不应该瞧不起那些成绩不好的同学，或许他们在某些方面比小染还强；老师批评小染，也是希望小染能够及时认识错误并改正，取得更大的进步。

小染仔细地想了想爸爸的话，觉得挺有道理的，于是她开始主动和同学一起玩耍，有什么问题也虚心地问老师，慢慢改掉了骄傲的毛病。

小染一开始因为自己成绩不错，听不进老师的批评教育，瞧不起同学。还好小染的爸爸及时发现了小染的心理变化，纠正了她的错误，让她改掉了骄傲的毛病，不仅保持了优秀的成绩，还与老师同学融洽相处。

2.让孩子客观地认识到自己的缺点和别人的优点

孩子骄傲的重要原因是他们在某方面有特长或优势。在这个时候家长要让孩子知道，每个人都有长处和短处。人无完人，孩子们擅长的东西也不同，有的擅长数学，有的擅长跳舞，要让孩子看到自己的短处和别人的长处，当孩子用自己的长处和别人的短处进行比较时要及时地纠正，告诉他们要客观公正地对待自己的优缺点。

3.让孩子开阔视野

孩子一旦觉得自己是所在的圈子里比较优秀的，就会骄傲自满。在这个时候父母应让孩子多开阔视野，让孩子明白比自己优秀的还大有人在。父母可以带孩子去旅游，欣赏和体会不同的风景和风土人情；也可以带孩子去图书馆，了解不同的文化，引导孩子积极阅读思考。孩子明白一些伟人的成就后便会知道自己取得的成功都微不足道，不足以骄傲懈怠。这样一来，孩子就能更加谦虚，更加积极向上地进取。

不让孩子因夸奖而骄傲

莹莹每次取得进步的时候，妈妈总是会表扬她。莹莹受到表扬后会非常高兴，更加积极主动。因为经常受到妈妈的表扬，所以莹莹无论做什么事，总是希望能得到妈妈的夸奖。

一天，莹莹做完作业，希望得到妈妈的表扬，于是就对妈妈说："妈妈，你看我把作业做完了。"

妈妈觉得做完老师布置的作业是应该的，于是就对莹莹说："做完就早点睡吧，明天还得上课呢。"

还有一次，莹莹背完英语课文，以为妈妈会表扬她真棒，于是她对妈妈说："妈妈，我把英语课文背完了。"

妈妈觉得没什么，于是对莹莹说："背完了就去预习下一篇课文吧。"

以前妈妈在莹莹做完作业、背完课文后会表扬莹莹，所以莹莹总是期待妈妈的夸奖。她自己可能没有意识到她已经成长了，做作业和背课文对她来说已经不是难题了，所以妈妈就不再因为这些而表扬她了。生活中，很多孩子也像莹莹一样，在获得家长的称赞之后，很希望以后能多多得到家长的夸奖。

如果孩子错误地看待了外界对自己的夸奖，甚至觉得做每一件事都应该得到夸奖，会给孩子的成长带来很大的危害。父母要教会孩子客观看待外界的夸奖，引导孩子正确地思考。怎么样教孩子客观看待对自己的夸奖呢？

1.让孩子明白努力了才能得到夸奖

当孩子因为做好一件事而受到称赞时，就会产生某种期待，比如下次再完成这件事之后，他还希望家长能够继续夸奖他。为了获得夸奖而去努力，这不是一种正确的处事态度，容易让孩子养成较强的功利心。所以，随着孩子年龄的日益增加，家长可以逐渐减少夸奖的次数，让孩子转变态度，认识到自己把事情做好是理所当然的。比如，家长可以说"对，这就对了，你就应该把自己的事情做好"，告诉孩子他们已经慢慢长大了，可以独立地完成一些事情了，这些事情都是他们力所能及的，父母没有必要因为他们做了这些事而夸奖他们。

2.让孩子知道夸奖是一种激励

孩子对自己没信心，或者是遇到挫折而停滞不前时，父母的夸奖是孩子们前进的动力。孩子在得到夸奖后能更加有信心，更加勇敢地前进。当孩子成功地克服困难时，父母可以给孩子鼓励，并和孩子一起来分析成功经验，告诉孩子之前的夸奖是希望他们不灰心丧气，让他们有前进的动力，这种夸奖是在帮助他们树立信心，是对孩子的肯定和鼓励。

琳琳学滑板的时候由于难以掌握平衡点，老是摔跤。几次摔跤后她很灰心，哭着对妈妈说："妈妈我不想学滑板了，我老是摔跤，我觉得我根本就学不会滑板。"

妈妈对琳琳说："学滑板是一件比较难的事，因为很难掌握平衡，没有平衡就容易摔跤。很多小朋友刚开始学的时候都是经常摔跤的。妈妈相信，你这么聪明，多练习几次的话一定可以学会的。"

琳琳听了妈妈夸奖自己聪明后便有了信心，勇敢地一次一次地不断练习，不到一个星期，就学会了滑板。

琳琳在灰心的时候，得到了妈妈对她的夸奖，于是便有了耐心和自信。她知道妈妈对她的夸奖是一种肯定与期许，所以她更加勇敢，很快便学会了滑板。

3.告诉孩子要谦虚面对夸奖

谦虚面对夸奖，孩子才能取得更大的进步。

小米是个十分谦虚的孩子，低调不张扬。从上小学起，小米的学习成绩就一直很好，而且小米很懂事有礼貌，深得老师和同学的喜欢。由于各科成绩都很棒，二年级时她跳了一级，跳级后原来班级的很多孩子不光羡慕她，还担心小米从此不理他们了。可恰恰相反，小米不仅照样去原来的班级找小伙伴玩，而且还加深了彼此的友谊。

九岁时小米出版了一本她自己写的童话故事，使她一夜成名，报纸、杂志、广播、电视、网络都在报道她小小年纪才华横溢的故事。她一下子成了一个"小名人"。尽管如此，她依然如往常一样谦和自然。无论媒体如何热烈地关注和宣传，无论读者如何加以肯定和艳美，小米总是一副"其实这没什么"的态度，该怎么玩还怎么玩，天真依旧。小米总是对大家说："我不是很出色，就是比大家玩得多。"

此后三年多时间里，小米从未对别人主动提及自己跳级、出书的事。小米也不时地对父母说，尽量不要告诉别人这些事，她想和大家一样做个普普通通的孩子，和大家一样快快乐乐地成长。

如果孩子能像小米一样面对夸奖时从容、谦虚，那么应该会取得更大的进步，迈上更高的台阶。有的孩子获得的夸奖多了，就会对夸奖产生依赖，自我陶醉在夸奖里，骄傲自满，因而对批评甚至是善意的批评都会产生一些抵触心理，从而导致停滞不前甚至不断退步。所以父母在孩子获得夸奖的时候，要和孩子一起，实事求是地对夸奖进行分析，告诉孩子不应该因为夸奖而骄傲自满，同时指出孩子的不足之处。

改变孩子小看别人的不良习惯

肖岩的父亲是一位很有名的律师，母亲则在会计师事务所工作，都是社会上受人尊敬的精英人士。"你是最棒的孩子，以后要做最出色的人，交最棒的朋友，享受最好的生活，不要总是拿自己跟那些没用的人比较。"他们常常这样对肖岩说。

　　与很多因为父母工作繁忙而跟爷爷奶奶生活在一起的孩子不同，肖岩一直在父母的身边长大。肖岩的父母对他的教育也十分用心，对他的成长非常关注。从小到大，无论肖岩在哪一方面取得了进步，都会马上得到父母的夸奖。只要他需要，即使是推掉重要的工作，父母也会抽出时间来陪伴肖岩。

　　肖岩的表现也没有让父母失望，他充分继承了父母的天赋，聪明好学，无论是学习、运动还是待人处事的其他方面，都在同龄人中显得十分出众。在班级或是朋友相处的圈子，肖岩一直都是当之无愧的领袖人物。肖岩也一直很自信，认为自己就是最好的，其他人都比不上。

　　他经常主动为他人指出错误，给他们提供帮助。肖岩总是在他们感谢自己的时候做出一副"那种小事不用在意"的样子，心里却颇有些自得。家长对肖岩的做法也持鼓励的态度，对他说："你能主动帮助其他人，真的是长大了。"

　　"这证明你比他们都优秀。"肖岩的妈妈这样告诉他。

　　然而，随着年龄的增长，肖岩的心态渐渐地发生了变化，他变得不再对同学们那么亲切了。肖岩有时会想："他们真是一群笨蛋，什么都做不好。我怎么会跟这样的人成为朋友？"

　　有时，跟朋友聊天，肖岩忍不住就把这样的想法透露出来了。"有我自己就行了，你过来也是拖后腿"、"我不过是说了事实而已"、"谁让你那么没用的"，类似这样的句子，让他身边的人很受伤。肖岩的父母却没有对他这种做法提出过质疑，他们认为肖岩能自己处理好这些事情。

　　而肖岩坚定地认为，自己没有说错，谁让他们本来就没用的。

　　就这样，日子一天天过去了。一次暑假回到老家，肖岩才震惊地发现：整整一个假期，居然一个打电话联系他的人都没有，他的朋友们呢？肖岩彻底怔住了。

每个孩子都有自己的自尊心，他们喜欢和出色的人交朋友，却不会委屈自己迎合别人的心意。肖岩很优秀，一直以来都受着各方面的羡慕和表扬，是同龄人中的领袖。这些都让他习惯了让周围的人以他为中心，遇事时很少考虑别人的感受。再加上父母身上的优越感对他不断的影响，使肖岩养成了看不起别人的恶习。然而，没有哪个孩子会把一个永远都看不起自己的人当成真正的朋友。因此，肖岩渐渐地被周围人所排斥也就是理所当然的事情了。

对于孩子来说，这种恶习带来的不良后果还远不止如此。总是小看别人，会让孩子产生盲目的优越感，让孩子变得自以为是、故步自封，阻碍孩子前进的脚步。孩子过度地轻视他人，抬高自己，就会下意识地削弱、忽视他人在集体活动中的作用，甚至是将集体的荣誉视为己有。长此以往，孩子将很难与他人展开良性的合作，难以融入集体生活，这将对孩子今后融入社会产生严重的不良影响。

因此，在日常的生活中，家长就应该注意到这一点，帮孩子摆正自己的心态。家长应该提醒孩子：与他人对比时要全面，不能只拿自己的长处比别人的短处。家长也要让孩子明白：决定一个人是否出色，不仅取决于他的能力大小，更重要的是他有没有良好德行。家长要让孩子能够全方面地认清自己，并对他人保持尊重，从根本处改变孩子小看别人的不良习惯。

1.家长以身作则

家长是孩子最好的老师，是孩子为人处世的最佳榜样，家长对孩子的影响也是最为深远的。因此，在教育孩子的过程中，家长以身作则就显得尤为重要。

有些家长因为自身条件十分优越，在生活中总是无意识地流露出自傲的姿态来；有些则经常对孩子夸耀自己的优点，就同事和朋友的缺点大谈特谈，把团队取得的成绩大部分归结在自己身上。家长只是在发泄情绪，认为这是无关紧要的小事，然而孩子却不会这么想。如果家长总是小看别人，潜移默化间，孩子也会养成同样的习惯。

所以，让孩子学会谦虚，家长自己要先做到。家长应仔细地审视自己日常的行为习惯，对待身边形形色色的人都要一视同仁地尊重，不盲目夸大自己的能力和成就。只有自己先做到了这一点，家长在教育孩子不要小看他人时才更有底气，更能让孩子信服。

2.让孩子在团队合作中认识到他人的优点

孩子自以为是，总小看人，往往是孩子只能看到自己的优点，而看不到其他人身上的优点所导致的。也就是说，如果家长想要帮孩子改掉这个坏习惯，首先就要让孩子能看到其他人身上的优点。

因此，充分利用孩子平时与他人进行的团队合作就是一个很好的做法。

方方是个很骄傲的孩子，总是小看别人。方方的父母一直想帮方方改掉这个坏毛病。

一次，方方的父母偶然得知班级里要画黑板报，认为这是一个好机会。在他们的要求下，老师从班上挑了三个方方最瞧不起的同学和方方组成一个小组。这让方方苦恼极了："他们都那么没用，难道要靠我自己吗？"

谁知，动起手来，方方才知道自己平时竟是看走了眼。方方很震惊：懦弱的小红，居然写得那么一手好字；爱管闲事的萍萍，只用了几分钟就想出了要写的故事；而要是没有肉嘟嘟大胖，小黑板根本就没人挂得起来。方方自己，除了动动嘴改了改格式，什么都没插上手。

从那以后，方方再也不敢随便瞧不起人了。

所谓团队合作，其实就是把每个成员的长处整合起来，选出最合适的人做最合适的事。方方在团队合作的过程中，就把自己的各项能力与同学们作了全面的比较。孩子发现了自己不如别人的地方，也就不会再自以为是地小看别人了。

家长们不妨向方方的父母学习，创造机会，让孩子在团队合作中认识到他人的优点，改掉小看别人的坏毛病。

不要在他人面前炫耀自己的才能

小光从小学习书法，写得一手毛笔字。在原来的学校里，每次有什么艺术节、才艺展示之类的活动，小光就会成为班级里的焦点。大家把小光的毛笔字贴在走廊的墙面上，每每见了，就是一番赞叹。

上小学五年级的时候，因为父母工作调动，小光转学去了另一所小学。班级里的同学都在一起学习了五年，大家对小光都不太熟悉，对他也不怎么热情。

小光觉得很苦闷，闷闷不乐的样子持续了很久，认为："大家都不

理我。"

妈妈听了小光的烦恼，对他说："同学们都不了解你，又不知道你有什么厉害的地方，怎么会跟你亲近？你可以找机会好好展示一下自己嘛，让大家印象深刻一点，他们就会愿意跟你接触了。"

听了妈妈的话，小光觉得自己明白了，自己擅长的不就是书法嘛。

于是小光主动去跟身边的同学聊天，跟他讨论书法的事情，还拿了自己以前写的字到学校来给他看。

听说小光会用毛笔写书法，还写得很不错，同学们感到很惊讶，都好奇地向他打听："用毛笔究竟要怎么写字呀？"还有人问他："小光，你学书法学了多久？"一连几天，每节课下课都有人围在他身边，想要看他写的字。说的次数多了，小光开始有点飘飘然了："原来我这么厉害呀，他们都不会的东西，只有我会，他们都得羡慕我。"

小光对这样成为大家羡慕的对象感到很开心，他觉得妈妈的办法简直太好用了，让他交到了那么多朋友。他逢人就说起自己擅长书法的事，有时聊着聊着，也会把大家的话题拐到那上面去。

刚开始，大家还对小光满敬佩的，也愿意陪着他聊。可渐渐地，小光发现周围的人又开始冷落他了，甚至比刚刚转学的时候还过分呢。

孩子天性渴望得到认可，希望通过向大家展示他的能力和与众不同，来得到所有人的羡慕，成为大家关注的焦点。当孩子换了新环境，被身边的同龄人忽视时，这种渴望就会变得比平时更强烈，小光就是这样的例子。展示自己的能力的确会吸引周围人的目光，然而，小光年龄还小，不懂得换位思考，他不明白展示和炫耀的区别，更不明白不断的炫耀自身的才能是一件多让周围的人厌烦的事情。小光的妈妈也没有提醒他，她的默许反而对小光过度的炫耀行为进行了鼓励。就这样，小光从炫耀中尝到了甜头，就把炫耀养成了习惯，最终被大家讨厌。

如果孩子习惯于对他人炫耀自己的才能，往往就很难客观地评价自己。他很容易就因为自己一点小小的进步而沾沾自喜，会变得看不起其他同学，殊不知自己才是被其他同学嫌弃的对象。这样的孩子很容易犯自视甚高的毛病，一旦在自己有才能的方面受到了挫折，就很难恢复过来。而且，因为没有人会喜欢跟自高自大、自以为是的人一起工作和生活，这样的孩子在人际交往中也会被身边的人排挤。

经常在别人面前炫耀自己的才能，会对孩子日后的发展产生种种不利的影响。因此，家长在孩子还小的时候，要让孩子树立正确的观念，告诉他这样炫耀是错误的，在发现孩子有这种倾向时，及时指出来，帮他纠正。孩子炫耀自己的先决条件往往是因为对于自己某方面的优势过于自信，所以，家长平时不仅要对孩子取得的成绩进行认可和鼓励，也要让他们正确地认识到自己的能力水平，让孩子知道自己还有提高的空间。明白自己有不足之处，孩子也就不会总是拿自己的才能出来炫耀了。

帮孩子养成谦虚的性格，让孩子不要在别人面前炫耀自己的才能，下面有几点建议供家长参考。

1.教会孩子换位思考

孩子炫耀自己的才能，本意不过是想得到大家的认可，只是没有用对方法而已。想让孩子改掉这个坏毛病，家长的批评和劝说有时可能起不到良好的效果，这种情况下，家长不妨尝试先教孩子学会换位思考，让孩子做事前先考虑一下别人的感受。

比如说，家长可以在一个星期里，每天晚上对孩子炫耀自己儿时的优异成绩，炫耀自己当时学得多轻松，自己多聪明。然后在周末的时候就这个问题跟孩子好好谈谈，问问他在听到那些炫耀的时候是什么心情，用实际的经历告诉孩子将心比心的道理：你自己都不喜欢总是听人炫耀，难道你的同学们就会喜欢吗？

孩子自然不会想去做一个连自己都不喜欢的人，就会自觉地约束自己，变得谦虚了。

2.帮孩子开阔眼界

有这样一句话：使一个人感到骄傲的真正原因并非饱学，而是无知。很多时候，孩子沾沾自喜地跟其他人炫耀自己的才能，就是这个缘故。视野不够开阔，见识短，孩子才会因为自己取得的每一点小成就自命不凡，炫耀个不停。

为了改变这样的情况，家长可以根据孩子的优势和兴趣帮孩子扩充一下相关的知识，比如让孩子读一些他感兴趣的领域的名人传记等。如果孩子的优势在体育方面，家长也可以介绍他看一些专业的书籍和影像；如果孩子擅长的是唱歌，领他去看一场演唱会也是个好想法；孩子的成绩是班级第一，就带孩子出门旅行，让他看看全国的名校都是什么样子的，他们都需要什么样的学生。

通过这样的手段，让孩子知道这个世界有多么的广大，早早地明白人外有人，天外有天的道理，孩子就会自发地谦逊起来，也会变得比以前更加努力。

3.帮孩子扩大交际范围

孩子在某方面有优势，每个听说他的优势的人都会不同程度地对他表示关注和羡慕，时间久了，就可能让他养成炫耀自己的坏习惯。

对于这样的孩子，家长应该让他明白，即使是在他所擅长的东西上，他的领先地位也是有一定的范围的，不能把比较仅仅局限在他身边的小圈子

里。家长可以鼓励孩子多跟与他有同样特长、同样兴趣的人接触，鼓励孩子参加一些相关的活动和比赛，帮孩子扩大他的交友范围。在这个过程中，孩子会认识很多更加出色的人，对比之下就会发现自己的不足之处，就不会再自以为是地炫耀个不停了。

当然，在让孩子参加各式的活动和比赛前，家长要先了解孩子的实际水平，仔细调查。否则，如果让孩子感到跟其他人的差距太大，难以弥补，反而对孩子的成长不利。

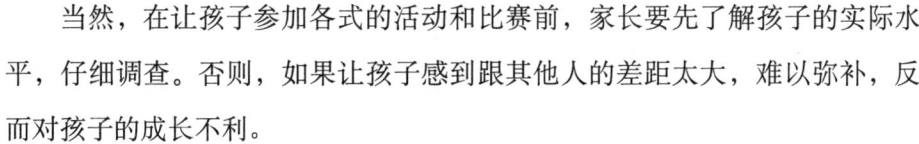

父母要慎重表扬孩子

小云的妈妈对小云的教育非常重视，她看了很多关于教育孩子的书籍和资料，在网上下载了各种成功的教育案例。妈妈认为赏识教育的方法非常有道理："只要记得夸孩子就行了，又简单又有效，还能让孩子每天心情愉快地长大。"

妈妈也一直用夸奖的方法来教育小云。小云妈妈有一个专门的本子，上面记载了每一个她认为是小云身上值得夸奖的地方。即使是在小云故意任性犯了错，让她万分头疼的日子里，小云妈妈也从来没有忘记过这一点。

"小云真可爱。"

"小云今天自己穿了袜子，真勤快。"

"小云唱歌真好听，他们谁都比不上你。"

"小云比妈妈小时候聪明多了。"

"小云会自己梳头发了，值得表扬。"

就这样，小云在妈妈每天的夸奖中一点一点长大了，妈妈每天都告诉小云她是最出色的。她觉得这样长大的小云虽说稍微娇气了点，但是女孩子嘛，就是应该宠着的，稍微娇气一点也没什么关系。何况小云本身还是很出色的。

就这样，小云上了小学，她觉得班上的同学都比不上自己，要么没有自己漂亮，要么没有自己聪明，要么没有自己会读书，要么干脆连一条能跟自己相提并论的都没有。同学们都觉得小云娇气得厉害，自以为是，人又自私任性，都不喜欢跟她在一起。

在赏识教育的观点中，表扬可以给孩子提供前进的动力，帮助孩子成长。然而，这里的表扬却是有一个"合理适度"的前提的。小云的妈妈显然就没有领会到这一点，而是错误地认为表扬得越多、越频繁，孩子就会越聪明、越勤奋。过多的表扬，不仅会让小云过分夸大自己身上的优点，意识不到自己的不足之处，滋生了骄傲自满的情绪，也让她变得脆弱任性，无法接受批评。

不仅如此，父母不恰当的表扬，还会让孩子形成错误的价值观，对孩子产生误导；过于频繁的表扬，会让孩子觉得厌烦，甚至觉得家长根本就没有诚意。长此以往，孩子无法对自己作出客观正确的评价，会渐渐地变得固执狂妄，总是得意于自己的小成绩，阻碍了孩子的进步。孩子的心理也会很脆弱，一旦受到了打击，很可能一蹶不振。

因此，为了让孩子健康成长，家长在对孩子进行表扬时就一定要慎重。家长要注意表扬孩子的方式方法。表扬孩子时，要针对具体的行为或品德，不能泛泛而论；针对同一件事，不能反复地表扬个不停；要把表扬和批评适度地穿插起来，一旦发现孩子有自大自满的倾向要及时纠正。要让孩子养成自省的习惯，在受到表扬之后能够反思自己还有什么能改进的地方。这样，孩子才会养成谦虚有礼的良好性格。

1.通过表扬引导孩子行为

家长的称赞代表着对孩子的认可。家长在哪个方面表扬了孩子，就是对他在那个方面更进一步努力的鼓励和支持。若每次表扬孩子时都只是空泛地说"你真聪明"、"你很漂亮"之类的话，很可能会给孩子树立错误的观念——你做得很好，是因为你很聪明；你长得漂亮，所以大家都会喜欢你。

这样，孩子不仅会由此变得自得起来，也忽视了自身努力的重要性。

小李的朋友家有一个十岁的小女孩，活泼漂亮，十分懂事，让人很羡慕。

一次，小李去朋友家做客，小姑娘蹦蹦跳跳地跑过来替她开门，甜甜地笑着，非常有礼貌地问候道："阿姨好。"

小李忍不住弯腰，轻轻刮了一下她的鼻子，笑道："囡囡真漂亮，长大了一定是个小公主。"

谁知，朋友听了这话却显得不太高兴。面对小李的疑惑，她很认真地说："你该夸她有礼貌的。长得可爱能算是她的优势，但不是她的优点，懂礼貌才是她需要学着做的事情。她那么努力，你只夸她漂亮，她会怎么想？你问我是怎么教囡囡的，其实就是这样的。"

小李听了以后很受触动，以后在表扬自己的孩子时，也使用这样的方法。

果然，按这样的方法，小李家的孩子也变得比以前更出色了。

如果家长希望孩子成为一个懂得谦虚的人，那么就不妨学习囡囡妈妈的做法。先教会孩子做人要谦虚这个道理，然后在孩子做出实际的行动时，有针对性地表扬他，用表扬来引导孩子的行为。

2.针对同一件事，要不断提高表扬的标准

家长不仅要对孩子的进步进行表扬，也要对孩子表现出的良好品质进行表扬。但是，这种表扬的标准不能是一成不变的。如果家长每次的表扬都采用同一个标准，会让孩子觉得自己已有的成绩已经十分了不起了，而放弃进一步的努力，沾沾自喜起来。

因此，针对同一件事情，家长要根据孩子的实际情况不断地提高表扬的标准，孩子才能不断地以更高的标准为目标进行努力。用这样的方法，让孩子意识到自己的不足和进步的空间，孩子才不会产生盲目的优越感，才会变得谦虚起来。

3.适时给孩子泼一盆冷水

对于孩子的成长来说，表扬是必不可少的，表扬可以帮孩子树立自信，为孩子提供前进的动力。然而，在教育孩子的过程中，一味的表扬也是行不通的。

孩子年纪小，阅历不足，观念很容易受到他人影响。周围人在表扬孩子时采取的夸张说法，听得多了，孩子往往就信以为真了，真的认为自己是"天底下最厉害、最聪明"的那个，觉得自己无所不能了。

这时，就需要家长适时地给孩子泼一盆冷水。有进步固然要表扬，但家长也要帮孩子认识到他实际的能力，让他看到自己跟他人的差距，才能让孩子明白继续努力的重要性，帮孩子养成谦虚的个性，防止孩子在骄傲自满中变得故步自封，被其他人落在后面。

第十一章

父母齐心，教孩子学会感恩

让孩子学会感恩，驱逐怨念

"妈妈，我的书包旧了，背着很难受。"

"妈，你怎么给我盛这么多的粥，我喝不完。"

"这双鞋的鞋带怎么老是开啊？"

"爸爸怎么又把烟灰缸放在我书桌上啊？"

"我同桌午睡的时候老打呼噜，烦死了！"

……

陈女士自从上次从外地出差回来之后，几乎每天都会听到女儿小雅不停地抱怨这些芝麻大的事。每天为工作的事烦心，回来还要听女儿的怨声载道，陈女士很是心烦。更让陈女士感到伤心的是前一天晚上的事。

陈女士拖着一天的疲惫回到家，一开门就听到女儿嘟着嘴埋怨道："妈妈，你每天都让我步行去学校，经过学校的那条近路维修了那么久还没好，每天绕远路很烦。你也不给我买辆自行车。"

陈女士解释道："不是妈妈不给你买，马路上车来车往的，妈妈怕你骑自行车不安全。"

小雅不听："我同桌碧云就每天骑自行车上学！"

陈女士继续劝说："我们家离学校又不算远，就算绕远，最多二十五分钟就能到学校了。碧云家离学校太远，她才骑车的，咱们又没那必要。别闹了，快去睡觉吧，妈妈累……"

小雅没听陈女士说完就转身回了自己的卧室。

陈女士看着小雅的背影，想到小雅最近的表现，感觉很烦恼。

生活中有很多像小雅这样的孩子，他们遇到一点不顺心就愁眉苦脸，不停地抱怨。孩子会出现这种情况，主要有以下几种原因。

首先，孩子有了自己的小脾气。随着孩子年龄的增长，孩子学到的东西也越来越多，他们有了自己的好恶，不会再像小的时候那样对父母言听计从，父母说什么就是什么，给什么就要什么了。他们对事情有了自己的看法之后，对于不喜欢的事物就会表达出自己的不满。

其次，为了宣泄不良情绪。孩子们在生活学习中也会被许多烦心事困扰，他们可能没有很好的倾诉对象或者找不到好的释放情绪的方法，而这些烦恼积压在心中又会影响他们的心情和学习效率。所以"抱怨"这时候便成了他们宣泄的一种途径。

最后，孩子没有得到足够的重视。现在的很多家长每天为繁重的事业奔波，没有足够的时间和精力陪伴孩子，很多时候孩子提出的一些愿望也都被父母"遗忘"了。时间久了，孩子会觉得自己被冷落了，为了引起家长的关注，开始在家长面前抱怨生活中的各种琐事。他们用这种方式来给予家长一定的暗示，希望家长能够懂得自己的情感需求。

很多家长都认为孩子年龄小，不懂事，认为孩子的那些"抱怨"不过是孩子"撒娇"或者"无理取闹"的一种表现，根本不把它放在心上。然而如果任凭孩子的这种状况发展下去的话，孩子长大后可能会养成爱挑剔的毛病，遇到困难也喜欢找各种借口推卸责任，甚至会让孩子变得越来越自私，对身边人的要求越来越苛刻。为了避免孩子变成这样，培养有着感恩之心的孩子是非常有必要的。

1.父母要倾听孩子

孩子之所以会不停抱怨是有一定原因的。家长们不要对孩子的"唠叨"不当回事，应认真听孩子抱怨的内容是什么。比如有的孩子向父母抱怨某个玩具不好玩时，他可能只是想让父母陪自己玩；或者当孩子向父母哭诉自己的衣服鞋子不漂亮时，可能他只是想让父母夸奖一下自己不穿漂亮的衣服也很美等。

所以，父母只有了解了孩子内心真正的渴望之后，才能采取相应的措施帮助孩子消除怨念，让孩子成为一个懂得感恩的人。

2.不要把消极情绪带给孩子

当家长在遇到不如意的事情时，不要随口咒骂或抱怨。例如，家长不要在送孩子上学的路上抱怨"路怎么这么堵"、"一会儿上班又要迟到了"，或者回到家当着孩子的面发泄工作上的不满，"今天老板又吩咐新任务了，真烦"、"同事又把事情搞砸了，拖了我们的后腿"等。

家长也许并没有在意自己的这些行为，它们却会给孩子的心情带来不好的影响。孩子在这种氛围中久了会被父母的这些消极情绪影响，一旦他们生活中出了一点小差错，他们就会喋喋不休地抱怨生活的不公平。他们对生活处处充满怨言，又怎么会看得到生活中那些细微的感动？

3.多给孩子安慰，让孩子充满安全感

父母要留意孩子的心情变化，当孩子心情好，想要与父母分享快乐的时候，父母要积极地给予回应；当孩子心情不好的时候，父母要及时地安慰，帮助孩子排忧解难。孩子从父母那里得到了足够多的关注，心里就会有足够的安全感，每天都带着一个快乐的心情，看到的、感受到的都是生活的阳光面，也就不容易对身边的人和事产生不满心理了。

总之，父母应多多关注孩子的内心世界，让孩子保持一种健康的心态，心宽了就不会积压怨恨，孩子也会被生活中的美好所感动。

百善孝为先，教孩子敬爱父母

《新闻晚报》上曾报道过这样一个消息：有一道小学一年级的语文阅读题，素材是"孔融让梨"的故事。有一道问答题是"如果你是孔融，你会怎么做"，其中有一位同学回答的是"我不会让梨"，老师批阅试卷时，给他打了一个大大的叉。后来这张试卷被这位同学的爸爸看到了，拍了照片发到微博上，一天时间里就被转发了近2000次，评论400多条。

后来记者联系到这位父亲，他告诉记者，自己也没想到孩子会那样回答。他看到试卷后曾问过孩子为什么要那样回答，而孩子回答说自己没有搞恶作剧，并坚信自己的答案没有错。这位父亲曾试图与孩子沟通，让孩子改正，而孩子却坚持说："我认为四岁的孔融不会这样做，他才四岁！"孩子还说要询问老师后才确定是否要改正。

孩子的父亲想不通：现在的孩子怎么了？是教育出了问题吗？

这则"孔融让梨我不让"的报道反映出了现代的孩子以自我为中心，孝敬长辈的意识不强。孩子之所以会出现这样的问题，主要有以下几种原因。

首先，父母没有做好榜样。父母作为孩子的第一任老师，却没有树立"百善孝为先"的做人准则。平时对长辈大呼小叫，说话没礼貌，甚至虐待

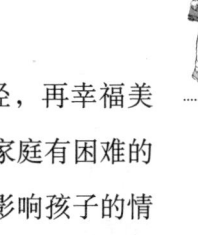

老人，这些不尊敬、不孝顺长辈的行为很容易被没有是非判断能力的孩子效仿。那么孩子长大后也会以同样的方式对待自己的父母。

其次，父母从不与孩子讨论家庭困境。家家有本难念的经，再幸福美满的家庭都有其"不便与外人道"的难处。但是，有的家长在家庭有困难的时候，连孩子都瞒着，从不向他们透露半点信息，认为那样会影响孩子的情绪，耽误孩子学习，宁愿自己扛着，再苦再累也不想让孩子知道。孩子感受不到父母为自己、为家庭付出的辛苦，就没有很强的感恩回报意识。

再次，孩子们习惯了被给予。随着时代的进步，现在很多家庭就只有一个孩子，整个家庭都围着他们转，把他们"捧在手里怕掉了，含在嘴里怕化了"。所以，孩子从小被父母毫无怨言的爱包围着，他们把父母的付出看作是理所当然的事，只知索取，不懂回报。

最后，孩子与父母感情不深。在大城市里，很多父母由于工作繁忙，没时间照顾孩子，从小就为孩子请来保姆。一天里，父母可能就只有早晚能看到孩子，如果出差的话，可能十天半个月也见不上孩子一面；有的父母把孩子交给爷爷奶奶带，而自己在外地工作，这样一年可能也见不了孩子几次。父母与孩子的感情交流甚少，孩子没能在生活的点滴中感受到父母的爱，可能父母在他们心中也就没有占据着太重要的位置。

以上这些原因都有可能导致孩子亲情意识淡薄，事事以自我为中心，看不到父母长辈们的辛苦付出，也不懂得体谅他们。正所谓"百善孝为先"，孝乃做人之根本，如果孩子对自己至亲至爱的父母都没有一颗感恩的心，那么又何谈让其成为一个社会栋梁呢？

所以父母不要持着"我们现在对孩子好，等他们长大了自然就明白了"这样一种错误观念。培养孩子孝敬父母和长辈应从小抓起。

1.父母给孩子做好表率

教育孩子最有效的方法莫过于"言传身教"了，父母在生活中应注意用孝顺的行为来感化孩子。父母平时应多关心老人，与老人说话时要注意语气的轻重缓急。因为老人年纪大了，心会变得和孩子一样敏感，所以，父母要态度谦卑，讲求礼貌。父母还可以带着孩子一起去看望老人，陪老人聊天、散步等。这样，父母不仅成了孩子心中的好榜样，同时，孩子与老人多接触，增进了彼此之间的感情，让孩子发自内心地尊敬老人。

2.让孩子了解父母的辛苦付出

家长为了工作或家务感到很累的时候，不必要求自己在孩子面前一定要成为一个"铁打的人"，也可以让孩子看到你脸上的疲惫；或者当家庭出现经济上的困难时，也不要对孩子羞于开口，可以和他们一起讨论，让他们了解家庭的现状，适当地给他们一些家庭上的压力并不是什么坏事。让孩子感受到了父母的苦衷，了解到了父母维持家庭的艰辛，他们就会从心底里心疼父母，并希望为父母做些事情来减轻他们的压力。

3.父母应及时制止孩子顶撞长辈的行为

很多家庭中的老人都受中国传统思想的影响，百般溺爱孩子。当孩子的爸爸妈妈们教训他们时，长辈拼命维护着。那么孩子潜意识里就认为爷爷奶奶很疼爱自己，这会让他们在这些长辈面前变得肆无忌惮。有时，他们会不知轻重地顶撞老人，甚至呵斥大骂老人。这个时候，父母不能由之任之，应及时指出孩子的不尊敬行为，让他们知道在长辈面前"没大没小"是不对的。父母应利用好这样的教育机会，让孩子汲取深刻的教训。

4.在特殊的节日里向孩子要求一份"小礼物"

不是只有父母应该送孩子生日礼物或儿童节礼物，父母也可以在"父亲节"、"母亲节"或"感恩节"的时候向孩子要一份礼物，哪怕只要求一个甜蜜的吻，一个温暖的问候或是一句简单的"谢谢"。这个目的不是为了得到孩子的礼物，而是让孩子明白父母也是需要关心和疼爱的，让他们懂得感恩。

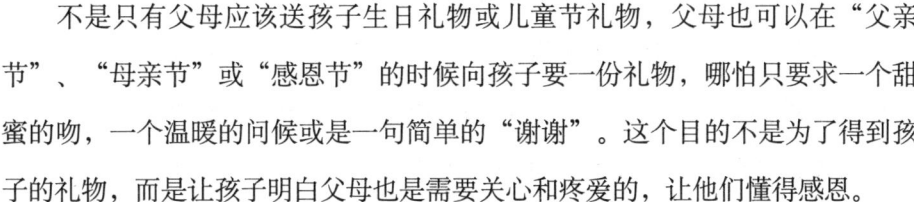

爱由心发，感恩父母是一辈子的事业

苗苗放学回来，放下书包，默默地走到正在厨房切菜的妈妈身后，轻轻揽住妈妈的腰，脸贴在妈妈背上："妈妈，辛苦了！"

李女士突然停下手中的活儿，愣了一下：这是平常那个任性的女儿吗？李女士转过身，看见苗苗眼圈红红的，担心地问："苗苗，你怎么了？哭了吗？"

苗苗歉疚地点了一下头，说道："班主任给我们放了《妈妈再爱我一次》这个电影。"

李女士一听，明白了，原来女儿是被电影感动了。

"妈妈，昨天晚上我错了，对不起！"苗苗抬起头，看着妈妈的眼睛。

女儿的这句道歉让李女士回想到了前一天晚上的那一幕。

那天李女士由于身体不舒服，比平常早一点下班。回到家后，李女士就简单地准备了晚餐，盖好了放在餐桌上，然后便到客厅的沙发上躺下了，等待即将放学的女儿和去接女儿的老公回来。

不一会儿，李女士听到钥匙在锁孔里转动的声音，就知道是老公和女儿苗苗回来了。脸色有点苍白的李女士还没有起身就听见女儿"噔噔噔"跑到餐桌旁，掀开锅盖，带着怨声说道："妈妈，你怎么没有给我买三文鱼罐头啊？你说过今天给我买的！"

李女士无力地撑起身体坐起来，解释道："妈妈今天有点不舒服，就没有去超市。改天再买吧！"

苗苗没有一点要安慰妈妈的意思，不客气地说："你说话不算话！就炒了一个菜，还没有罐头，我不吃了！"

李女士看着嘟着嘴往卧室走去的女儿，心凉了半截……

但是，看着今天女儿反常的表现，李女士感到了一丝丝安慰，但随即就皱起了眉头：苗苗经常会这样反复无常，这一秒很懂事，下一秒又会为某件不顺心的事对父母耍小脾气。怎么样才能让她不是因为一个电影才变得体贴，也不是因为要写关于做家务的作文才帮助妈妈打扫房间，而是心甘情愿地体谅父母，成为一个孝顺的孩子呢？

从上面的例子中，我们看出了李女士的苦恼：苗苗的孝敬总是受她心情的支配，一旦心情不好了就会忘记父母平日里对她的疼爱。孩子孝敬父母总是三天打鱼两天晒网，不能有始有终，一般有以下几个原因。

首先，孩子不能很好地控制自己的情绪。有句俗话说："孩子的脸像六月的雨，反复无常。"孩子不像大人那样能够很好地控制自己的情绪，知道什么情况下什么事该做，什么事不该做，知道什么话该说，什么话不该说。孩子往往都由着自己的性子，开不开心都表现在脸上或行为上。所以，在孝敬父母这件事上也一样，孩子通常就像事例中的苗苗，表现时好时坏。

其次，越亲密的越容易被忽略。从小到大父母都一直陪伴着孩子，没有离开过他们，在生活的点点滴滴中，小到吃饭穿衣，大到前途学业，父母无时无刻不在为孩子奔波劳累着。然而这些在孩子看来，就如同每天要吃饭睡觉一样平常，他们看不到这些"平常"背后父母"不平常"的付出。幸福来得越容易，越悄无声息，孩子往往越不懂得珍惜。

最后，孩子把学业放在了第一位。孩子迫于家庭的和学校的种种压力，不得不每天与作业、功课"做伴"，"奋斗在学习的第一战线上"，很少想到为父母做些事情。他们每天除了吃饭睡觉之外，就是看书学习，就算节假日里有点时间也被各种辅导书、假期作业等填满了。他们可能也会偶尔冒出一些孝敬父母，让父母感到欣慰的想法，但最后都被繁重的课业"扼杀"在了萌芽阶段。

人们常说"要成才，先成人"。如果孩子不能心甘情愿地、始终如一地尊敬爱戴父母，那么即使他们将来出人头地了，但连最起码的做人的原则都没有遵守，那么他们也不算真正的成功者。所以，父母要想让自己的孩子做一个人人赞扬的孝子，不妨参考下面几点建议。

1.从细节上引导孩子孝敬父母

父母早上为孩子准备了早餐之后，要教孩子对自己说"谢谢"；孩子吃完饭去上学，要求他们跟自己道别；放学回来了，让他们帮自己做力所能及的家务，晚上睡觉前让他们帮忙打洗脚水或者帮自己捶捶背揉揉肩；当孩子惹自己生气了，让他们对自己说"抱歉"等。让孩子从这些生活的小事上学会关心尊敬父母，并将其形成一种行为习惯，这样他们才能坚持做下去。

2.让孩子明白孝敬是美德

父母平时可以给孩子讲一些有关孝敬的故事，比如"孔融让梨"、宋代的朱寿昌"弃官寻母"、《三国演义》中李逵弑虎为母报仇等，告诉孩子孝敬父母是中华民族自古以来就被人人颂扬的美德，告诉孩子要以故事中的人物为榜样，做一个孝顺的孩子；或者带孩子去看一场感人至深的亲情类电影，比如事例中提到的《妈妈再爱我一次》，还有美国的《当幸福来敲门》、《我是山姆》和韩国的《七号房的礼物》等，让孩子从电影感人的画面中，体会到父母伟大的爱，从而产生感激之情。总之，父母要让"孝敬"成为支配孩子做人的行为准则之一。

3.鼓励孩子的孝敬行为

当孩子主动向父母提供帮助时，父母不要拒绝他们。比如，当孩子说要在"母亲节"送给妈妈一支康乃馨的时候，很多妈妈都会说："别乱花钱，我不要，你好好上学，把成绩提上去就是给妈妈最好的礼物了。"孩子本来以为妈妈会开心，结果自己满怀的期待被泼了一盆冷水，下次孩子可能就不会有"给父母一个惊喜"之类的想法了。所以，家长要欣然地接受孩子的爱，并夸奖他们的行为是正确的，这会让孩子精神上感到满足，并体会到为父母付出的快乐。

感恩他人，学会反思己身之过

星期天，静静一个人去逛街。正当静静逛得正开心，天突然下起了雨。静静出门的时候天没有一点要下雨的迹象，没有带伞，她赶紧躲进了路边的一个电话亭，等待雨停了再回家。没想到等了一会儿，雨越下越大了，正当静静愁眉苦脸地想办法的时候，她看见前方有个穿黄裙子的女孩，撑着伞向自己走来。

"静静，你怎么在这里啊？"静静一听，原来是在班里成绩排名倒数，没有什么朋友的同学阿莲。

静静没好气地应了声："出门时忘了带伞！"

阿莲走近了，站在电话亭门口，笑着说："是这样啊，不介意的话，就跟我打一把伞吧，我送你回家。"

静静本不想跟阿莲撑一把伞，但是考虑到天快黑了，就勉强答应了。

一路上，阿莲一直把伞往静静这边推，自己的裙子湿了一大半。

第二天上午，老师上课点名的时候，阿莲趴在桌子上，脸色非常不好。后来静静得知，原来阿莲是由于昨天下午淋了雨，发烧了。尽管阿莲已经吃了退烧药，但是仍然感觉很难受。

放学的时候，静静出了教室，刚好碰见无精打采的阿莲。

阿莲正要去跟静静打招呼，静静却装作没看见一样，快速地走了过去。阿莲本来以为静静会问候一下自己，没想到静静却有意躲着自己。阿莲感觉很委屈，自己就是因为送她回家才受了风寒，感冒了，昨天没有得到她一句感谢就算了，今天竟然连一句问候都没有。阿莲暗暗愤恨：下次再也不多管闲事了，好心没好报！

生活中，孩子们常常不懂得感恩他人，也没有很强的自我反思意识，除了平日里父母对孩子感恩教育的缺乏之外，可能还有下面两个原因。

第一，孩子帮助别人时，没有得到相应的回报。就像事例中的阿莲，帮助静静后换来的却是静静冷漠的态度，这让阿莲感到不公平，以至于产生了再也不愿帮助别人的想法。很多孩子会变得忘恩负义，对于别人的帮助觉得理所当然，往往是因为他们曾经也被那样对待过。

第二，孩子自我意识太强。有的孩子在生活条件上比其他孩子好或者学习比其他孩子好，人缘很好，从小在大家的赞扬和奉承中长大，他们性格骄傲自负，自我感觉良好，觉得得到别人给予的好处是天经地义的事，而自己却从不愿屈尊去向别人伸出援手。

当然，可能造成孩子自私、没有感恩之心的原因还有很多，但不管是出于哪种原因，孩子一旦形成像事例中静静和阿莲的那种思想之后，对孩子的成长都是不利的。

俗话说："滴水之恩，当涌泉相报。"如果孩子在接受了别人的恩惠之后，却不知道感激，甚至过河拆桥，那么这样一个忘恩负义之人是永远不会被大家欢迎的。所以，家长要教育孩子常怀感恩之心，让"吾日三省吾身"成为孩子的座右铭。

1.让孩子在日记本里记录每天的感动之事

只要我们有善于发现美的眼睛，生活处处都充满感动。社区门卫的一句"早上好"，公交车上一位小伙子爽快地让座，老师们一次声情并茂的讲课，同桌分享了她的小点心，环卫工人接过自己正待丢掉的饮料瓶……这些小小的感动很容易被人忽视，家长可以建议孩子每天以写日记的形式，记录下他认为令人感动的事。这不仅可以锻炼孩子的观察力，还能让他们记住每天从别人那里受到的小恩小惠，从而能够常常提醒他们要懂得感恩别人，时常反省自己。

2.让孩子写一封感谢信

父母可以询问孩子心中想要感谢的人，然后建议他们写一封信给对方，这封信并不需要太长，哪怕只是一段话都可以，只要能向对方表达孩子心中的感激之情就行。虽然这种表达感谢的方式不涉及金钱物质，但仍然会令那个付出的人感受到温暖。对于孩子来说，他们在写信的过程中会在脑海里温故对方曾经帮助自己的情形，从而把那些感动深刻地印在自己的记忆中，不轻易忘却。

3.让孩子怀着一颗平常心去行善

当孩子对别人施恩却得不到对方的感激后，产生了像事例中阿莲一样的错误观念时，家长要及时纠正孩子的想法，不要让他们觉得自己对别人行善就优越于他人，告诉他们最高尚的行善是不求回报的，别人不讲求感恩之道那是别人的事，自己严格遵守自己的做人原则才是最重要的。

心怀感恩，珍惜当下拥有的一切

丹丹很聪明，但学习很粗心。为了促进她的学习，妈妈放弃了很多自己的休息和娱乐时间，甚至连出国深造学习的机会也放弃了，每天下班后的事情就是先给丹丹做一顿可口的饭菜，再陪丹丹做作业，辅导她的功课。但是丹丹从来都没有想着感激妈妈对自己的付出，经常对妈妈说"又不是我让你陪着我的"或者"父母给孩子做饭本来就是应该的"，这让妈妈非常伤心。

为了给丹丹买一件合适的衣服，妈妈花费了好几个小时来精心挑选，可是丹丹一点都不体谅妈妈的良苦用心，对买来衣服不满意就连穿都不愿意穿，还对着妈妈大发脾气，吼道："谁叫你给我买衣服的？我一点也不喜欢！"

最近看到班里的同学有智能手机，丹丹回家也向妈妈要，妈妈说："等你长大再给你买。"

这下又惹怒了丹丹，她开始抱怨家庭条件不好，埋怨妈妈不能买给她想要的东西。妈妈很难过，私下对别人说："每天牺牲了自己的时间来照顾孩子，孩子却从来不知道感恩，什么事情首先想到的是自己，从来不会体谅我们对她的付出。"

像丹丹这样缺乏感恩之心，不懂得珍惜的孩子并不算少数，主要原因是现在的孩子大多属于独生子女，父母恨不得把所有的宠爱都给予孩子，再加上人们的生活水平逐渐提高，父母比较重视对孩子的培养，也有良好的物质基础来满足孩子的要求，所以对孩子有求必应，呵护得无微不至。

有的父母毫无原则地溺爱孩子，让孩子对父母给予的一切都习以为常，对身边的一切也不会好好珍惜。孩子们获得的爱太多、太容易，自然不懂得珍惜现在拥有的，更不用说感恩父母和他人了。

天底下没有哪一对父母不爱自己的孩子。然而，有的父母给予孩子的关爱太多，无端的溺爱造成了孩子以自我为中心，不懂得分享，也不懂得体谅父母。而且很多孩子认为从家长那里得到东西是理所当然的，不珍惜现有的生活，还总是向父母提出各种无理的要求，让父母感到很伤心。这对孩子的成长是十分不利的。

孩子学会珍惜当下、心怀感恩并不是与生俱来的，他们需要在后天的教育中培养而成，所以父母更应该言传身教，教育孩子从小养成珍惜当下的习惯，教会孩子说"谢谢"，心怀感恩和谦和，时常给孩子讲述他人打拼和奋斗的故事，告诉孩子现在美好的生活条件来之不易，逐渐给孩子培养一种感恩和体谅父母的意识，珍惜现有的美好生活。那么怎样教育孩子学会珍惜和感恩呢？

1.鼓励孩子做简单的家务劳动

很多孩子自私，不懂得分享和感恩，不珍惜现有的生活条件，主要原因是父母给孩子的太多，孩子习惯了向父母索取，也就不会珍惜现在拥有的了。

父母可以让孩子参与一些简单的家务劳动，比如，妈妈下班回来做饭，让孩子帮忙给妈妈洗菜、择菜。孩子在做这些简单的家务活时，可以从中体会到父母平时对孩子的辛勤付出，父母在孩子做完这些事情之后要给孩子鼓励，并引导孩子学会感激父母每天照顾他，学会回报父母。

父母还可以带着孩子参观工作的场所，让孩子看到，父母挣的每一分钱都是付出了辛勤劳动的，让孩子感受到父母创造的生活条件是来之不易的，逐渐意识到应该珍惜现有的一切，进而学会感恩和回报。

2.常与孩子叙旧

父母一味地为孩子付出，对孩子的要求百依百顺，从来不要求孩子回报，这样会导致孩子认为父母的给予理所当然。父母可以通过叙旧的形式，时常把父母为他们做的一些往事讲给他们听。

七岁的淘淘晚上睡觉前说想听故事，妈妈就开始给他讲："从前有个小男孩，他生了一场大病，妈妈怕他疼，每天晚上都不睡觉，陪在他的病床边，小男孩只要动弹一下，妈妈就会紧张得不行。白天妈妈会做各种饭菜给他补充营养，怕小男孩吃饭烫着，一勺一勺地把饭给他吹凉了。没过多久，小男孩就康复了，可是妈妈却因为操劳瘦了好多，还长了好几根白头发。你觉得故事里的妈妈辛苦吗？"

"辛苦。"

"那妈妈平时是不是也是这样照顾你的？"

"是。"

"那妈妈这样照顾你，你应该怎么做？"

"如果妈妈生病，我也要这样照顾妈妈。"

时常把这样的故事讲给孩子听，潜移默化地烙在孩子的记忆中，让孩子铭记父母对他的付出，教会孩子不要只是一味地向父母索取，要学着感恩父母对自己的照顾，珍惜父母为自己的付出。

3.让孩子在对比中学会感恩

生活在富足条件下的孩子，往往不会感恩父母创造的现有物质条件，把索取当成一件理所当然的事情，不懂得珍惜现有的生活条件。

淘淘在商场里看到新出的变形金刚，吵着让爸爸买，爸爸没有同意，淘淘就开始大哭大闹。周末，爸爸把淘淘带到贫困山区，让他看看那里同龄人的生活，然后问他："你觉得山区里的这些小朋友生活苦吗？"

"苦。"

"哪里苦呢？"

"他们每天早上要很早起，走很远的山路去上学，放学还要帮家里干农活。"

"那你觉得和他们比起来，你幸福吗？"

"幸福。"

"你看山区里的小朋友生活条件这么艰苦，但是他们从来不抱怨，还帮父母干活，你觉得你回去之后应该怎么做呢？"

"我以后不乱要玩具了，我回去也帮妈妈干活。"

父母要让孩子在对比中看到山区同龄孩子艰苦的生活条件，体会过去不懂得、不在意更不会珍惜的东西，从而引发孩子的感恩之心，让孩子在这样的对比中感受到自己现在的生活是很美好的，不应该再一味地向父母索取什么，引导孩子珍惜现在拥有的一切，心怀感恩之心，学会感恩父母、感恩他人、感恩社会。

第十二章 让孩子学会自省

教孩子接纳自己的不完美

乐乐是个英俊帅气的小男孩，特别喜欢运动，尤其爱打篮球。身高对于打好篮球很重要，可是乐乐没有身高上的优势，班里爱打篮球的几个男生都比乐乐高。于是他就苦练篮球技巧，想在灵活性上超过别人。抢篮板的时候，乐乐还是抢不过别人，每次因此输掉比赛，乐乐就会很郁闷。

乐乐的妈妈见到儿子不开心就安慰他："男孩子在初中还没开始长个呢，等你上高中的时候可能就会长高了，说不定比现在长得高的同学还要高呢！"

乐乐听妈妈这样说便对自己未来的身高充满信心。因为乐乐的爸爸妈妈都不算矮，妈妈一米六五，爸爸一米八，乐乐觉得自己的身高还有很大的上升空间。这时的乐乐只有一米六，而其他几个男生都差不多到一米七了。

但是等乐乐上了高中，身高也并没有长得很快，他仅仅长了八厘米，现在的身高距离乐乐的理想身高还有十厘米的差距。乐乐想让自己长到一米八，然而这在篮球运动员里最普通的身高，但对于乐乐来说是可望而不可即的。

虽然乐乐的篮球技术很好，但是他总感觉自己"低人一等"。乐乐开始渐渐地故意远离篮球，他想，如果自己不那么爱打篮球可能就不会很在意自己的身高，可情况并没有像乐乐想的那样。乐乐放弃了自己的特长，失去一个闪光点，乐乐因身高而自卑的心理却更加突出。他不愿意和自己以前的队友结伴而行，尽量避开比自己高的人，结果自己把自己孤立了。乐乐再也没有以前那么阳光，而是变得很深沉很忧伤，变得不爱说话。有的同学还说乐乐是在装酷，装高深。渐渐地，同学们离乐乐都远了，乐乐的朋友越来越少。

妈妈发现了乐乐自卑的心理，想帮助儿子找回自信，帮儿子再长长个，便开始给乐乐补钙，让乐乐吃好多肉、蛋、奶之类的食物，结果乐乐横向长了，纵向却没有长。乐乐觉得自己的身材越来越差，对自己更加厌恶了。妈妈也很自责，但又不知道该怎么开导乐乐，让他不要那么在意自己的身高。

人无完人，孩子的某些缺陷后天很难弥补。这时候就需要孩子学会接纳自己的不完美，不能因为一些客观因素造成的缺陷而完全否定自己，放弃自己的未来。乐乐走不出自己给自己设定的目标，从此对自己失去了信心，让自己这样的篮球高手患上了篮球恐惧症。这种孩子不能接纳自己的不完美的原因可能有以下几点。

首先，孩子没有认识到人无完人。有的孩子追求完美，对自己要求特别高，认为自己这也不好那也不好，总是达不到自己的理想目标，因此痛苦不堪。但是在现实生活中每个人都不是完美的，人人都有缺陷，有瑕疵的玉才是真玉，有缺点的人才是鲜活的坦诚的人。不能正视自己缺陷的人是懦弱的、虚伪的人。

其次，孩子过分放大自己的缺陷。不能接纳自己的不完美的孩子通常都不能辩证地看待自己的缺陷，放大了缺陷消极的一面，没有认识到缺陷也能从反面带给自己积极影响。孩子每天沉浸在悲伤消极的情绪里，走不出自己有缺陷的阴影，无法坦然面对自己的不完美，所以就不能接纳自己，认可自己。

最后，孩子总拿自己的缺陷和别人的优点作比较。故事里的乐乐虽然身高不高，但是他打篮球的技术非常好，可是乐乐就只拿自己的缺陷和同学比，只能看到其他同学都比自己高，打篮球他们有身高上的优势，而完全忽视了自己的篮球技术比同学强，消极的情绪让乐乐不能充分发挥自己的强项，所以他想成为篮球运动员的目标离他越来越远。悲观的孩子只会一直想着自己不如别人，别人有的长处自己没有，不能全面认识自己，看到自己也有比别人强的地方，肯定自己的长处。

倘若孩子一直不能正确认识自己，不能接纳自己的不完美就会很痛苦，越来越消极，越来越悲观，不能乐观积极地对待生活，没有勇气追求自己的目标和理想，使自己的目标和理想离自己越来越远。所以孩子能宽容自己，坦然接受自己的不完美，对孩子的成长很重要。

为了让孩子能接纳自己，乐观积极地生活，家长可以采用下面几条建议。

1.给孩子讲不完美的人成功的故事

不完美的人同样可以成功，可以创造骄人的成绩。孩子明白了这个道理就能接纳自己的不完美，乐观积极地生活。

森森经常因为口吃受到同学们的嘲笑，他认为自己说话都说不好，读书更是浪费时间，所以经常和妈妈说自己不想上学了。

但是森森的妈妈并没有因为森森不想去学校而生气，她很理解森森

的心情："妈妈以前说话也说不好，像F和H、N和L之类的音妈妈也说不准，但是多多练习，经常注意自己的发音是可以改好的，你看妈妈现在不是说得挺好嘛。"

森森的妈妈还经常给森森讲名人的故事："美国有个总统叫罗斯福，他曾经是一个信奉巫医、酗酒成癖的人，但是经过他自己的克制和努力，后来连任美国四届总统呢。丘吉尔是英国历史上最著名的首相，1953年他还获得了诺贝尔奖，但他也有好多坏毛病，贪睡，贪酒，还吸食鸦片。但他们都改掉了自己的毛病和不良嗜好，获得了很大的成就，森森也可以和他们一样的，虽然过程很痛苦，但妈妈相信森森是不怕吃苦的好孩子。"

"嗯，妈妈，我以后一定也可以讲顺口溜的。"森森很自信地和妈妈说。

孩子的阅历较浅，他们可能认为成功的人都是完美无缺的，所以父母要开阔孩子的眼界，帮孩子增长阅历。父母可以多给孩子讲残疾人的成功故事、成功克服自己缺陷的故事、成功扬长避短的故事等。这样可以帮助孩子认识到人无完人，不完美的人同样能够成功。

2.多肯定孩子的优点

孩子认为自己一无是处，看不到自己的优点就不能认可自己，宽容自己的不完美，所以父母要多表扬孩子，多肯定孩子的优点。一旦孩子有了不错的表现就要热情洋溢地表扬，明确地指出孩子的长处和优点。等孩子找到自己的价值以后就不会那么在意自己的缺陷，就能够接纳自己的不完美了。

3.教孩子学会扬长避短

每个人都有自己的长处和短处，只有学会了扬长避短，孩子才能成长为对社会有用的人，才能实现自己的价值。

郑华从小就患了小儿麻痹症，但是他没有放弃自己，经过自己十几年的奋斗终于成了闻名遐迩的雕刻家和经营雕刻艺术品的大老板。

有人对他说："如果你不是有残疾一定会取得更大的成就。"

他却淡然一笑说："你说得也许有道理，但是我的残疾对我的影响并没有大家想象得那么严重，我没有特别抵触和抱怨我的缺陷。因为如果我没得小儿麻痹症，我肯定早早去社会上干一些简单的活，不会静下心来好好地研究雕刻。我觉得上天还是公平的，他给了我一个残缺的身体，同时也给了我一颗坚定的心。"

像郑华这样坦然面对自己的不完美，不过分抵触和抱怨自己的缺陷而能辩证认识自己缺陷的人同样能成功，所以对不能接纳自己缺陷的孩子，父母要积极引导。虽然孩子的缺陷可能无法弥补，但是可以教孩子扬长避短，让孩子做适合自己做的事，避开缺陷，不让孩子做他做不了的事情。这样可以帮助孩子找到自己的价值，找到自信。

列出自己的缺点，逐一克服

小倩是个活泼开朗的女孩。可是她办事总是马马虎虎的，没有一点女孩细心的样子，粗心大意的毛病总是改不了。

小倩的爸爸妈妈下班都比较晚，便给小倩配了一把家门的钥匙，马虎的小倩却总把钥匙弄丢。小倩对自己的小东西更是丢三落四：铅笔、橡皮两三天就得买一次；水杯也经常忘记放在了哪里；作业不知道得改多少次才能符合老师的要求。

大大咧咧的小倩根本没把这些小事放在心上，总是出错。不过小倩的人缘还算不错，因为小倩很热心，看到同学需要帮忙第一个就会冲上去。可小倩还有一个缺点就是不懂得体谅别人，显得有点霸道。小倩必须让同学按自己的想法做事，这让她的朋友很不开心。

语文课上，小倩的同桌向小倩借笔。

"小倩，我的笔没油了，你有蓝色的笔吗？"小倩的同桌说。

"我只有黑色的，给你用吧。"小倩热心地拿出笔。

"谢谢，不用了，我不喜欢用黑色的笔写字。"同桌对小倩说。

小倩直接反驳道："蓝笔写出来的字太难看了，你就用黑色的写吧。"同学不好意思拒绝热情的小倩再向别人借笔，只好接着了。

一天中午下学，和小倩一起回家的女同学想把黑板上的板书抄完再走。

"小倩你稍等会儿啊，我把这个写完就走。"同学想让小倩等自己一会儿。

小倩偏不行："快走吧，没什么好抄的，老师也没让记。"小倩一直拉同学走，同学也不好意思再让小倩等，最后还是闷闷不乐地和小倩走了。

粗心大意的小倩没有意识到自己的缺点，结果变得越来越霸道，导致同学们都很反感她。小倩的父母希望女儿能吃一堑长一智，自己改掉自己的缺点，但女儿总是改不了。小倩的父母很着急，害怕女儿又出什么状况，但他们也不知道怎样才能帮女儿改掉这些坏毛病，不用再担心她的生活。

孩子正处于成长阶段，有缺点并不可怕，可怕的是孩子意识不到自己的缺点而屡教不改。出现这种情况的原因可能有以下几点。

首先，孩子没有明确认识到自己的缺点。故事里小倩的父母没有明确指出小倩的缺点，想让小倩通过"吃亏"发现自己的错误并及时改正，但小倩完全没有认识到自己的错误，结果导致小倩粗心大意和霸道的毛病越来越严重。由此可见，孩子自我认识的能力差，可能对自己的问题完全没有意识到，不知道自己错在哪里，所以会屡教不改。

其次，孩子没有自省的习惯。一个不会自我反省的孩子永远也长不大。孩子不懂得如何调整自身的劣势就不能适应生活中的变化，不能正确把握自己的生活。孩子通过反省可以有效地帮助自己及时纠正错误，帮助自己走向成功。孩子如果不能勇敢地面对学习、生活中的错误，对自己的错误毫不在意，屡教不改，那么他自身的缺点和错误就是孩子成功的隐患，无论孩子做什么事都会遇到相同的困难。孩子不改正自己的错误就永远都不能进步。

最后，孩子没有认识到自己缺点的危害。故事里小倩没有看到自己的粗心大意给父母带来很多麻烦，自己霸道的做法让同学很不开心，所以不懂得克服自己的缺点。有的孩子就像小倩一样认为自己的缺点是小事，所以不重视自己的缺点也不采取办法及时克服。

如果孩子在成长阶段不能及时克服自己的缺点，当缺点变成自己性格的一部分后就成了阻碍自己成功的绊脚石，对自己的未来产生消极影响。

性格决定命运，所以家长在孩子的成长阶段要及时帮助他们纠正错误，让他们越来越优秀。

1.让孩子通过写日记自省

对于孩子的毛病，家长一味地批评和指责不是有效的解决办法。严厉过分的责备会让孩子产生叛逆或者消沉的情绪，不利于孩子积极对待自己的错误。自我反省对于孩子是一种积极有效的改正错误的方法，家长要学会把对孩子的批评转为让孩子自我反省。家长可以鼓励孩子把每天发生的事情写下来，让孩子思考自己有没有做得不好的地方，有没有需要改进的地方，告诉孩子如果改掉他的坏毛病便可以变得更优秀，鼓励孩子改正自己的错误。

明朗是个马虎的孩子，做事的时候总是毛毛躁躁的，一次给妈妈养的金鱼换水的时候把鱼缸打碎了。还有一次，明朗的妈妈有事要出去，妈妈让他看着在火上炖着的汤，明朗看电视看得高兴就忘记了，结果把汤熬糊了。明朗的妈妈特别严厉，儿子一做错事就大发脾气，把明朗骂得一无是处。明朗总做错事，他自己也很内疚，但妈妈的态度让明朗很反感，有时候他会故意和妈妈说："你知道我做不好还让我做？以后什

么事也别找我了，真是烦人！"

明朗的爸爸却是个理解孩子的父亲，他和明朗的妈妈完全不同。明朗有什么心事都愿意和爸爸说："爸，我怎么才能改掉我的缺点呢？我现在做什么事都会出问题。"

"爸爸以前也和你一样，做事情总是毛毛躁躁心不在焉的，这样肯定什么事都做不好的。但后来我每天反省自己，每次做错事都会找自己犯错的原因，每次都把自己做错的事情记在日记里提醒自己凡事都要认真、用心。"

之后，明朗也学爸爸记日记的方法改掉了自己的缺点。

2.把孩子的缺点列在单子上

家长要帮助孩子明确了解自己的不足和缺点，可以把孩子的缺点列在单子上，贴在孩子房间里，每天警示孩子注意不要犯相同的错误。缺点是长时间养成的不良习惯，所以改正也需要很长的时间，父母要经常监督提醒孩子，不能期望用体罚等暴力手段让孩子立刻改正错误。

一个月后，明朗做事毛毛躁躁不上心的缺点基本改好了。明朗的父亲又给儿子提供了一条提醒自己改掉坏毛病的好方法。明朗的父亲把他看到的儿子的毛病都写在小纸条上，然后贴在儿子的屋子里。明朗每天做作业、玩电脑的时候都能看到父亲贴的纸条：早睡早起；保持正确的坐姿才能保护眼睛；写完作业后要整理好明天上学用的东西……渐渐地，明朗养成了良好的生活习惯，在学校也经常受到老师的表扬。

3.针对不同的问题采取不同的方法

孩子的缺点有的是思想上的，有的是性格上的，有的是为人处事上的，对于不同的问题，家长要采取不同的方法。孩子的每个缺点是由不同原因造成的，家长不能一概而论，要有针对性地逐一帮助孩子克服。比如，孩子粗心就要培养孩子做事有条理、细心耐心的习惯；孩子霸道自私就要让孩子多助人为乐，教孩子替他人着想；孩子内向不善于与人沟通，家长就要多带孩子参与集体活动，鼓励孩子多表现自己。父母不能为了省事一味地惩罚孩子，仅仅做"口头"上的教育，要在实际生活中有针对性地采取措施帮助孩子。

用尊重激发孩子的自省心

下午放学后，震震约了同学在自家小区的一个篮球场打球。震震不小心把邻居李奶奶家的窗户玻璃砸碎了。他一看闯祸了，抱着篮球，撒腿就往家跑，但还是被李奶奶看到了。刚到家不一会儿，就听到"咚咚咚"的敲门声。震震害怕是李奶奶，不敢开门，一溜烟儿地钻进自己的卧室，关上了门。

正在做饭的孙女士看见震震不去开门，一边骂震震没礼貌，一边去开门。

刚一打开门，李奶奶就唠叨起来了："震震妈，你管管你们家孩子吧！刚才他跟另一个小男孩在下面打球，把我家厨房的玻璃打碎了，撒腿就跑！你看看，你们家震震都这么大了，还这么不懂事，闯了祸就跑！你们是怎么教孩子的啊？"

孙女士被李奶奶这一通责备羞得满脸通红，气不打一处来，就把震震叫了出来，揪住震震的耳朵拖到了李奶奶面前，让他给李奶奶道歉。

震震捂着耳朵，就是不道歉。孙女士更是感觉尴尬，就把他拖到墙角，命令他跪下："爸妈是怎么教你的啊，男子汉要敢做敢当！就你这样怕事，以后也是被社会淘汰的料，能成什么大事，没出息！你给我好好地在这儿面壁思过！"

李奶奶见状，摇摇头，一句话也没说就下楼去了。

被罚的震震心中充满了怨恨，一赌气，晚饭也没吃。

第二天早上吃饭的时候，孙女士就质问震震："昨天你打碎了李奶奶家的玻璃，本来就是你不对，教训你，你还不服气，还不道歉，这是错上加错。"

震震把筷子往桌子上一摔："不就一块玻璃吗？至于吗？"然后，他站起身，抓起书包就跑出门了。

孙女士指着他吼道："你给我站住！"

震震连头都不回……

事例中的震震之所以会执迷不悟，不肯认错，可能是由以下几种原因造成的。

首先，家长粗暴的行为伤害了孩子的自尊。就像事例中的孙女士，虽然她的本意是想让儿子认错，但是她当着李奶奶的面揪孩子耳朵并罚跪，这种粗暴的行为严重地伤害了孩子的自尊心。在那种情况下，孩子根本没心思考虑自己所犯下的错误，而只会在心中埋下怨恨的种子，以至于第二天早上还与妈妈发生了冲突。

其次，错误的后果不足以引起孩子的重视。孩子犯下的错并没有给自己或者他人造成严重的损失，这让孩子觉得"这都是小事一桩，不必太在意"，心里也没有犯罪感，甚至并不认为自己错了，也就不会去主动反省自己。

再次，父母挖苦、打击孩子。当孩子犯错时，很多父母都是采取孙女士的那种做法，说一些打击孩子的话，以为那样能够刺激孩子，让孩子认识到错误。然而，让孩子最有安全感的父母都这样否定他，这会让孩子感觉自己真的就像父母说的那样"不行"、"没出息"。他们自尊心受挫，会产生自卑心理。那么当他们面对自己的错误时，就只是一味垂头丧气地认错，却不知道反省。

最后，可能孩子太贪玩，没心思去认真思考自己的过失，可能这一秒犯了错，他们下一秒就给忘了。

总之，不管是出于哪种原因，父母如果不教会孩子在错误中反省自己，那么对孩子以后的成长是非常不利的。可能一次错误并不能引起家长们的注意，但是如果孩子一再地犯错又不知道反省，那么小错终有一天会变成大错。如果父母采用了错误的教育方式，就像事例中的孙女士那样，粗暴、不礼貌，就可能会使孩子形成一些不良性格，比如对人冷漠、不孝顺、偏执、极端自卑或极端自负，孩子做事就会很容易走极端。对此，家长应采取合适的方式教育孩子，帮助孩子提高自我反省意识。

1.多肯定孩子的优点

每个人都是不完美的，都有优点和缺点。父母在教育孩子的时候不要总盯着孩子的缺点，而应该多赞美孩子的优点，哪怕这个优点很小，父母也要多在孩子面前夸奖他。比如，孩子为自己的错误感到歉疚而认错时，父母不要说"就是你的错，你就该道歉"，或者"下次不准再犯这样的错了，否则看我怎么收拾你"之类的威胁性的语言，而应该说"这就对啦，知错能改善莫大焉"，或者"宝贝知错能改，真是个好孩子"等肯定孩子的话。这样孩子如果下次再犯了什么错，就会主动地认错反省了，因为他觉得"认错"是好孩子的一种表现。

2.适当采取"苦肉计"，让孩子心软

处在叛逆期的孩子犯了错，他们对于父母的教训往往都是不服气的，不仅不愿意承认错误，还会跟父母顶嘴。对于这样"不吃硬"的孩子，家长可以采取"软"的方法，比如，当孩子犯了错又不接受教育时，妈妈可以在孩子面前"落泪"，不再去批评孩子，只用那种无言的方式表达自己的伤心，让孩子心中产生犯罪感，从而冷静下来思考自己的行为。这样看似有损权威的教育方式，往往比命令、呵斥更有效果。

3.允许孩子失败

任何人都不可能对每一个事物都判断得那么准确，总会有出现差错的时候。成年人尚且不可能事事都做得完美，更何况未成年的孩子。所以，当孩子哪件事做得不好时，父母不要责备他们，而应该平心静气坐下来与他们沟通，分析事情的原因，接下来又该如何改正等。只有在孩子心中没有压力的时候，他们才能谦虚地听从父母的教导，自主地从失败的教训中总结经验。

总而言之，父母要用尊重的态度来激发孩子的自我反省意识，在呵护孩子幼小心灵的前提下，对孩子进行教育，不要用粗暴的方式逼迫孩子；要学会采用一些技巧，"以柔克刚"，"以静制动"，让孩子学会主动在错误或失败中总结经验教训，主动地自我反省。

当孩子做错事时，给孩子自省的机会

冰冰一向喜欢钓鱼。周末，他跟往常一样来到离家不远的一个小池塘边钓鱼。正当他认真地盯着水面时，突然被一块小飞石砸中了额头，额头顿时肿起了一个包。冰冰皱起眉，捂着额头抬起头。原来是和冰冰关系一直不好的同学单单，他看冰冰在钓鱼，故意扔石头捣乱。

一团怒火迅速蹿遍全身。冰冰放下鱼竿，顺手抓起身旁的一块小砖头就开始朝单单奔去。单单见状，转身就跑。然而，正在火头上的冰冰也没顾得上考虑后果，就把手中的砖头扔向了拼命逃跑的单单。

单单停住了，捂着后脑勺蹲了下来。冰冰意识到情况不对，就跑了过去。只见有鲜血顺着单单的头发往下流。冰冰知道自己闯祸了，赶紧拖着单单回家找妈妈。张女士一看单单的情况，吓得脸色发白，又看看儿子冰冰躲闪自己的眼神，劈头盖脸就给了冰冰一通打骂，然后，立马把单单送去了医院。

从医院一回来，仍心有余悸的张女士就把儿子冰冰拉到面前，命令他跪下："你做事前能不能想一想后果啊？把那孩子砸坏了咋办？长没长脑子啊？"

冰冰跪在妈妈面前，低着头，不停地啜泣。

"你还哭？憋住！下次再跟别人打架，看我怎么收拾你！"张女士点着冰冰的头呵斥着。

张女士并没有看见冰冰额头上那个快要渗出血的发紫的包。这一切都被跟着冰冰一起去钓鱼的妹妹文文看在了眼里。

后来，文文再也没有见过哥哥去池塘边钓鱼，冰冰与单单的关系也越来越不好了。

事例中的张女士只是看到了事情的结果却没有问冰冰原因，被吓坏了的冰冰也不敢为自己辩解。那件事给冰冰心灵造成的伤害让他再也没有把自己钓鱼的爱好坚持下去。有时候，孩子犯了错误之后，往往有以下几个原因导致孩子不会自我反省。

首先，父母强硬的教育方式。当孩子做错事的时候，父母往往不顾孩子的自尊心，对其大声斥责。孩子年龄尚小，心理承受能力较弱，家长的这种粗暴的教育方式，不仅没有让孩子把注意力放到自己的错误上去反思和改正，反而会让孩子对父母大声的辱骂、责备感到厌烦，从而产生逆反心理。

其次，父母没有及时聆听孩子的心声。很多家长在孩子犯了错误之后，都告诉孩子"你这样做不对"、"以后不准再这样做"、"我说不行就不行，我说怎么做就怎么做"之类的命令性的话语。孩子往往被家长的威严震慑住了，就算心中有理也不敢坦白了。就像事例中的冰冰一样，即使不是自己有错在先也没敢跟妈妈解释。

再次，孩子正处在叛逆期。当孩子进入叛逆期，他们会变得更加敏感，自尊心更强。他们想要按照自己的想法做事，想要更多的个人空间。所以，他们会对父母的命令、说教等产生排斥心理。

最后，父母揪住孩子的一个错误不放。如果父母总拿孩子的某个错误来说事，一次两次还好，次数多了，也会引起孩子的反感。如果父母仍旧逢人就翻孩子的旧账，那么孩子就会从自责心理转为逃避心理了。

如果孩子犯了错，而父母又没有采取恰当的方式对其进行教育的话，会对孩子的性格产生不良的影响。他们会因为父母的责骂和训斥而变得自暴自弃，失去自信，有的甚至变得脾气暴躁，不听劝说，严重的会产生犯罪的心理。所以，当孩子做了错事，父母一定要采用正确的方式对待。

1. 父母应控制好自己的脾气

很多家长看到自己的孩子犯错误时，都是绷着脸并提高音量训斥孩子。孩子看着生气的父母，会担心自己被罚而无法思考自己所犯下的错。这样就起不到教育孩子的效果。所以，当父母面对孩子的错误时，即使真的很生气，也要控制自己的脾气，应尽量心平气和地与孩子沟通，这样孩子才会冷静下来去反省自己。

2. 父母应呵护孩子的自尊心

孩子的心灵都很单纯，对于外界的打击也没有太多的心理防备，当自尊心受到伤害时，他们容易产生心理阴影。犯了错的孩子都渴望得到父母的理解和宽容。所以父母不要当众批评、责骂他们，要给他们留点面子，可以先给他们使一个眼色作为警告，然后再在没有人的时候或者回到家以后再指出他们的错误并对其进行说服教育。

3. 主动找孩子谈心

对于犯了错的孩子，父母要及时与其沟通，不要批评一顿之后就不管不问了。这样的话，父母就不了解孩子心里面的想法，不知道他们能不能很好地接受和理解自己的教导。孩子一般会因为害怕被批评而不敢与父母交流自己的想法，即使心有不满也只能压抑着。这样压抑久了，对孩子的心理健康是非常不利的。所以，家长要多与孩子谈心，这样不管孩子有没有受到打击，都能得到一定的心理安慰。

4.给孩子时间思考

孩子慢慢长大之后，对于事物都有了自己的看法和判断，有时他们犯了错之后，不用家长指出，他们就能意识到自己行为的不对。这个时候，父母不要就孩子的这个错误，在孩子面前唠叨个不停，要适可而止，让他们自己冷静下来思考。父母可以等一两天之后再与孩子交流意见。这时家长们就会发现，孩子其实并不像自己看到的那样不懂事，他们对自己的错误也都有过反思，也能从错误中汲取教训。

告诉孩子：每天自省才能进步

李华读三年级，跟张红最要好。他们不仅是邻居，还是同班同学，而且还是同桌。他们每天一起上学，一起回家，几乎形影不离。

有一次，他们一起做作业。做完作业，张红回家了。李华在家里收拾书包，发现钢笔不见了，急得像热锅上的蚂蚁——团团转。突然，李华脑子里闪过张红的身影，他怀疑是张红拿走了。

第二天，李华发现那支钢笔真的出现在张红的文具盒里，便对张红说："张红，原来我的钢笔在这啊，害我找得好辛苦。"

没想到张红却说："这笔是我妈妈昨天才买给我的啊！"

李华有点气恼地说："好啊，张红，没想到你是这种人啊，我看错你了，我们绝交。"

张红眼里充满了委屈的泪水，从那以后，两个人形同陌路人，即使遇到了也不打招呼。

几天过后的早上，妈妈指着床边的钢笔问李华："你怎么把新买的钢笔乱放啊？"

这时，李华才明白冤枉了张红。他开始反思自己以前的种种行为，发现自己在很多时候都过于武断，不等弄清事实，就下结论。这一次的事情也是如此，让他和张红的友谊走到了尽头。

故事中，李华因为性格武断，不管发生什么事情，都只凭借自己表面所看到的下结论，所以失去了宝贵的友谊。做错事的时候，孩子要学会反省自身；没有做错事的时候，父母也要教育孩子要学会从日常小事上反思自己。

每件事，我们不能只看表面，还要在做之前和做之后多思多想，这样才能了解自身的缺点，并进行改进。

很多时候，孩子做错事不会反省自己，是因为孩子不会主动承认自己的错误，也认为反省是没有必要的事情。有很多孩子都有这样的缺点，明明自己有错却不反省自己，反而将责任推给别人。或者有的孩子做错了事，家长去给他善后，这样保护孩子是不对的。

而且，大部分父母在孩子犯错后，不是想着让孩子学会反思、自省，而是考虑如何为孩子"擦屁股"，解决孩子闯出的祸事。父母一味的呵护和包庇行为让孩子认为反思是没有必要的，也就不把反思当成一回事了，反正出了错也有父母替自己承担。

父母这样的行为极不利于孩子塑造良好的性格习惯，要知道，不善于自我反省的人，往往不能发现自己的优点和缺点，更不能做到扬长避短。这样一来，孩子就会一次又一次地犯同样的错误，觉得自己无论做什么事情，都

是正确的，为父母的教育工作带来不必要的麻烦，也不利于孩子良好性格的形成。

在培养孩子每天反省自己做过的事的能力方面，有几条建议给家长参考。

1.培养孩子"三思而后行"的习惯

父母应教育孩子，在做事、说话之前，都应学会先思考，想了再想，确定思路后再去做、去说，也就是我们常说的"三思而后行"。只有养成这样的习惯，才能在做事的过程中少犯错，并能在出错之后马上进行反思和补救。

2.教孩子每天回顾自己做过的事情，进行分析、反思

我国宋代著名理学家朱熹说过这样一句话："日省其身，有则改之，无则加勉。"这就是说，在日常生活中要让孩子时常自我反省一下，不管有没有过失都会对自身成长有利。

美国"氢弹之父"爱德华·泰勒具有极好的自我纠错习惯。他经常兴致勃勃地谈起自己的某个最新见解，不久后又会毫不留情地自我否定。尽管他的十个见解中往往有八九个都是错的，可是他凭借有错就纠的好习惯，能够"沙里淘金"，做出不平凡的成就。由此可见，让孩子养成事后反思的习惯，是受益一生的好事。

父母可以在平时多让孩子做一些容易犯错的小事，并在做完事情之后，让孩子进行回顾和分析，帮助他们了解自己在做事的过程中，犯过哪些错，又有哪些行为应该进行反思，培养孩子自省的能力。